AF450891

Collana Highlander
Elogio della vita a rovescio
di Karl Krau
Prima ristampa: luglio 2023
© *2023*, Edizioni Clandestine

Edizioni Clandestine
Via Fabio Filzi, 3
Cinisello B. Milano 20092
340.9481047
www.edizioniclandestine.com

Edizioni Clandestine è un marchio di proprietà del Gruppo Editoriale Santelli
www.grupposantelli.it

Articoli pubblicati sulla rivista Die Fackel
Lingua originale: Tedesco
Titoli: Lob der Verkehrten Lebensweise, Von den Sehenswürdigkeiten, Die Welt der Plakate, Die schweigenden Ärzte, Von den Gesichtern, Der Komet in Wien, Der Bibelpelz, Der Ton, Ich rufe die Rettungsgesellschaft, Ich glaube an den Druckefehlerteufel, Stilblüten sammeln, Ein Vorurteil, Kompagnons, Ich soll No-vist werden?, Anerkennung seitens, Die Nebensache, Die europäische Melange, Literaten unterm Doppelaar, Schonet die Kinder!, Kein Badezimmer in Downing Street, Sie wollen von uns nichts wissen Unsere Pallas Athena, Ein Brief Rosa Luxemburgs, Antwort an Rosa Luxemburg von einer Unsentimentalen, Etymologie, Ein von der Kammerfrau der Duse hinausgeworfener Interviewer, Wir zwei, Die Auswirkungen und die Folgen der Russischen Revolution für di Weltkultur, Kriegsegen Besuch bei Wassermann.
Traduzione di Christian Kolbe

Collana

Highlander

Karl Krau

ELOGIO DELLA VITA A ROVESCIO

ELOGIO DELLA VITA A ROVESCIO

Non tardai molto, sia fisicamente che moralmente, a subire le tristi conseguenze di una normale condotta di vita tentata per un certo periodo. Per cui decisi di riprendere per l'ennesima volta, prima che fosse troppo tardi, una condotta di vita sregolata. Ora, osservo il mondo con quello sguardo velato che aiuta non solo a superare i dolori di questa terra, ma anche, di tanto in tanto, a donare un'esagerata rappresentazione delle possibili gioie della vita.

Il sano principio di una vita a rovescio in un mondo che funziona al contrario si è dimostrato azzeccato sotto ogni aspetto. Pure io, un tempo, ero riuscito nell'impresa di levarmi dal letto e coricarmi con il venire e l'andare del sole. E tuttavia, l'indisponente imparzialità con la quale esso illumina i miei concittadini senza fare distinguo, tra persona e persona, del loro valore, delle loro miserie e brutture non appaga l'indole di ciascuno; e chi si salva per tempo dal rischio di osservare con occhi intrisi di disincanto la luce del giorno, agisce saggiamente, ricavandone il sollievo di essere evitato da coloro che egli stesso tende a eludere. Infatti, quando la giornata ancora si divideva in mattino e sera, era una delizia alzarsi al cantare del gallo e addormentarsi a seguito del richiamo della ronda notturna. Ma poi si operò un'ulteriore divisione e allora ci furono i quotidiani del mattino e della sera: il mondo pareva sempre in attesa di nuovi accadimenti. Se però ci si sofferma a considerare quanto questi si sviliscono al cospetto della curiosità, con quanta vigliaccheria il procedere del mondo si adatti al sempre crescente bisogno di informazione e come, in definitiva, spazio e tempo divengano forme di conoscenza del Soggetto giornalistico, ci si gira dall'altra parte e si continua a sonnecchiare.

"Fate tesoro, occhi stanchi, del piacere di essere esentati dall'assistere al protrarsi di una vergogna".

Così, dormo di giorno. E quando mi alzo, pervaso da un'incontenibile felicità, distendo davanti a me tutta la vergognosa carta stampata dall'umanità, per sapere cosa mi sono perso. La stupidità è mattiniera per cui, di solito, gli avvenimenti più importanti si registrano al mattino. Fino a sera può sempre accadere di tutto, ma in generale al pomeriggio manca la rumorosa operatività, con la quale il progresso intende mostrarsi degno del suo buon nome fino all'ora di pranzo.

Il vero mugnaio si sveglia solo quando la macina si arresta e chi non vuole avere niente a spartire con la razza umana, l'esistenza della quale è riconducibile a un vegetare, si alza a ora tarda.

Dopo, però, mi reco sul *Ring*[1] a osservare come viene preparato un corteo estivo. Il frastuono, quasi si trattasse di una sinfonia che ha per tema il denaro che circola tra la gente, dura quattro settimane. L'umanità attende un giorno di festa, i carpentieri innalzano tribune affinché gli organizzatori possano fare altrettanto con i prezzi e, quando mi soffermo a pensare che io non prenderò parte a tutto questo splendore, il cuore comincia a pulsarmi a ritmo sostenuto. Se conducessi un'esistenza normale, a causa dei festeggiamenti sarei partito, così, invece, posso rimanere sul posto senza vedere niente.

In Shakespeare un anziano regnante dice: "Non fate rumore, tirate le tende! Vogliamo cenare al mattino!" Un buffone di corte a conferma del rovesciamento dell'ordine naturale delle cose, sog-

---

1 Nde. Per adeguare Vienna alle mutate esigenze di una moderna capitale europea, l'imperatore Francesco Giuseppe (1848-1916) decise di abbattere le antiche mura medioevali e di sfruttare lo spazio risultante e quello preesistente per la costruzione del Ring, un'ampia arteria alberata, fiancheggiata da nuovi ed eleganti quartieri, che si snoda per oltre sei chilometri cingendo l'intero nucleo della Vienna medioevale.

giunge: "E io desidero andare a letto a mezzogiorno"[2].

Per quanto mi riguarda, farò colazione a sera così, quando tutto sarà finito apprenderò dai giornali quanti colpi di sole si sono registrati nell'arco della giornata.

Tutti gli incidenti di maggiore rilevanza avvengono al mattino. Ne so qualcosa solo indirettamente e, dato che arrivo sempre troppo tardi, conservo piena fiducia nelle istituzioni degli uomini. Nei giornali della sera si apprende non solo di cosa è accaduto, ma anche chi si trovava presente all'avvenimento; in questo modo, pur sentendosi a distanza di sicurezza dall'incendio, si ha sempre occasione di far la conta delle teste dei propri cari e assicurarsi che nessuno manchi. Bisogna utilizzare la metamorfosi dello spazio comico in particolare locale, servirsi del mezzo che, acquisito il nome di giornale, ci fornisce il tempo in scatola. Il mondo è divenuto più brutto da quando gli è permesso di rimirarsi quotidianamente in uno specchio, perché finiamo per rinunciare all'osservazione dell'originale accontentandoci dell'immagine riflessa. Dà sollievo perdere la fede in una realtà che appare come viene descritta dai giornali. Chi dorme almeno mezza giornata, ha guadagnato, in eguale misura di tempo, vita.

Le più strabilianti sciocchezze avvengono al mattino; il cittadino dovrebbe stare bene attento ad alzarsi dal letto solo dopo le ore d'ufficio e ad affacciarsi alla vita dopo cena, quando la politica dorme. Degli attentati compiuti di mattina non se ne verrà certo a conoscenza dai giornali della sera perché, se anche i giornalisti rimarranno a letto fino al primo pomeriggio, nessuno ne avrà notizia.

Un giornale aveva inviato a Parigi più corrispondenti per venire immediatamente informato su eventuali attentati ai presidenti; gli attentati, però, vennero messi in atto di mattina quando, mentre un presidente dietro l'altro ci lasciavano le penne, il giornalista dormiva. Tempo fa, dei principi tedeschi soggiornarono nella nostra città e, nonostante il fatto suscitasse in molti

---

2 Nde. Frasi tratte dal Re Lear, scena VI, di William Shakespeare (1564-1616). In particolare "Desidero andare a letto a mezzogiorno" è l'ultima battuta pronunciata dal Matto, prima di sparire dalla scena, per assecondare il Re nel voler rovesciare il ritmo della vita quotidiana.

grande agitazione, io non ne seppi niente. Del resto, questo contrattempo, non ebbe per me alcuna scongiurabile conseguenza: al massimo mi capitò di non ottenere la mia usuale bistecca a colazione, ovvero di dover rinunciare a un piacere, per mezzo del quale avevo ben chiaramente dimostrato la mia appartenenza alla città in cui vivevo. Il cameriere mi porse le sue scuse e, per essermi di consolazione, mi ricordò il rafforzamento della Triplice Alleanza[3] la quale, al di là degli interessi locali, rappresentava il vero successo della giornata. Tuttavia, io avevo dormito di gusto e del fatto non ero a conoscenza.

Se un teologo decide di mettere in dubbio il mistero dell'immacolata concezione, questo avviene di mattina; se un nunzio si rende ridicolo, anche questo accade di mattina; e questo, indubbiamente è sempre meglio di un assalto dei contadini all'università o del fatto che il grido "Suffragio universale", venga aturbarci il sonno mattutino piuttosto che la serenità pomeridiana.

Solo in un occasione mi trovai casualmente presente alle dimissioni di un ministro avvenute dopo pranzo. Ma le cose si svolsero con un tale disordine! Alle tre di pomeriggio, i poliziotti attaccarono la folla che gridava "Vattene!" e, dopo quindici minuti, si era già in condizioni di dire: "Andate a casa, brava gente che Badeni[4] si è dimesso".

E come va con la giustizia?

Quella è cieca soprattutto al mattino e, se in via eccezionale si discute una causa a ora inoltrata, è certo che si tratta di un caso importante. Nei paesi tedeschi, può accadere che in un processo a sfondo sessuale si venga facendo strada la verità e questo ormai da un quarto di secolo è uno di quei casi che si debbono posticipare al pomeriggio.

Per evitare simili inconvenienti, non basta rifugiarsi in camera

3 Nde. Si tratta del patto difensivo segreto siglato tra Germania, Austria e Italia (20 maggio 1882), promosso dal cancelliere tedesco O. von Bismarck per isolare la Francia. Prevedeva l'aiuto reciproco in caso di aggressione di uno dei tre paesi firmatari da altre potenze e neutralità nel caso in cui una delle tre nazioni fosse stata indotta a dichiarare guerra.

4 Nde. Kazimierz Feliks Badeni (1846 – 1909) fu un politico polacco dell'Impero austro-ungarico. Nel 1897, a seguito delle violente reazioni dei nazionalisti tedeschi d'Austria, rassegnò le dimissioni dalle cariche governative.

da letto, perché è ben noto che quello è il luogo meno sicuro per impedire alla verità di venire a galla. In ogni caso, se uno dei vantaggi della vita pubblica è quello di poter dormire sulle seccature, debbo mio malgrado ammettere che c'è un campo in cui non ho fortuna con la mia professione: il regno delle belle arti.

È risaputo che i maggiori fiaschi teatrali si consumano a sera. A compensazione, però, di notte vige la calma in ogni ambito della vita pubblica. Niente si muove. Non c'è alcunché di nuovo. In strada passa il furgone della nettezza urbana, simbolo di un ordinamento mondiale a rovescio, per spargere uniformemente la polvere che il giorno ha rilasciato e, in caso di pioggia, è seguito dall'innaffiatrice.

Altrimenti, c'è il silenzio.

La stupidità si assopisce e io mi reco al lavoro. In lontananza avverto il rumore di una pressa tipografica: è il russare dell'idiozia.

Io la colgo di sorpresa e le mie intenzioni poco benevole mi procurano un sottile piacere.

Poi, quando ad est, sull'orizzonte della cultura, compare il primo giornale del mattino, io vado a dormire. Ecco i vantaggi derivanti dal condurre una vita a rovescio.

Die Fackel, 5 giugno 1908

IN MERITO AI MONUMENTI

Apprendo che a Rybinsk, capoluogo russo di distretto, i fondi destinati al mantenimento dei monumenti vengono utilizzati per sostenere gli istituti di beneficenza.

Singolare, in città si è soliti fare al contrario.

Non esiste un posto su questo pianeta in cui si riesca a raggiungere un equilibrio. E, tuttavia, se a me fosse data la possibilità di scegliere, non esiterei a stare dalla parte di Rybinsk.

Da tutto questo si sarà già compreso che io nutro una certa avversione per i monumenti.

Questo non significa che io sia insensibile al valore artistico di un ben fatto monumento equestre, ma ritengo che l'abbondanza di questi ultimi, in cui ci troviamo costretti a trascinare la nostra misera esistenza, impedisca la nostra crescita al punto da renderci incapaci di generare statue di quella particolare natura. E di questo, che potrebbe sembrare un paradosso, ci dà conferma Amleto. La sua tomba a Helsingor è oggi una curiosità[5]. Ma come ha potuto conservarsi tale, se i riverenti bagnanti inglesi hanno l'abitudine di portarsi via come ricordo i sassi che delimitano il luogo di sepoltura? Essa continua a sopravvivere in quanto opera monumentale perché, all'inizio della stagione balneare, il portiere d'albergo ordina una notevole scorta di sassi, affinché non se ne abbia a patire la mancanza. E tuttavia, se l'esistenza di quel sito di sepoltura dipendesse dalla reverenza dei bagnanti in-

---

5 Nde. Nel castello di Kronborg, situato nella cittadina di Helsingor è ambientato l'Amleto, una delle tragedie più note di William Shakespeare.

glesi, la tomba di Amleto si sarebbe estinta da tempo.

E lo stesso accade a tutte le altre opere monumentali. Ce ne sono talmente in eccesso, che tanto più ci si dedica alla loro contemplazione, tanto più viene meno la capacità di generarle.

Se sul palcoscenico del mondo le cose non vanno come dovrebbero, si dà ampio spazio all'orchestra. Altrettanto, pare che i valori estetici della razza umana abbiano senso di esistere all'unico scopo di conquistarci facilmente. Per quanto mi riguarda, non avrei niente in contrario a farmi raggirare da un vetturino viennese, se avesse la sensibilità di non farlo avvalendosi di quel genuino tono familiare! E avrei piacere anche di farmi tagliare la gola da un oste italiano se evitasse di farlo con quell'espressione trasognante. Accetto a priori i fastidi che reca in sé l'esistenza, ma senza averne indietro una compensazione estetica perché, se mi capita un impiccio, non ho piacere di indugiare o farmi immortalare in un atteggiamento pittoresco.

I cattivi strumenti non valgono niente e, laddove si presentino come individualità, bisogna mostrarsi doppiamente cauti. Lo sterco imballato è la sola illusione verso la quale io sono prevenuto. So bene quanto non tutti la pensino a questo modo. Al filisteo, che non è capace di provvedere in proprio ad elevarsi spiritualmente, è necessario rammentare continuamente le bellezze della vita. Persino in amore egli ha bisogno di un manuale di istruzioni per l'uso. Solo quando un cantastorie gli ha assicurato che l'amore è bello se si è capaci di coglierne l'incanto, egli se ne persuade. La sua bramosia si è destata perché "chi non sa godere dell'amore, lasci perdere, è semplicemente un cretino". Gli è dato scegliere: godere dell'amore o passare per uno sciocco e, ovviamente, si getta sulla prima risoluzione. Nell'amore e nella vita, un uomo del genere bisogna porlo innanzi a una cosa già pronta, altrimenti non è in grado di coglierla, la bellezza.

Egli attraversa una piazza, dove le fruttivendole espongono le loro derrate nei rispettivi chioschi. Avverte la mancanza di qualcosa, ma, da quando un maresciallo da campo in bronzo svetta in mezzo al mercato, tutto gli pare nella norma.

I beni della vita debbono essergli posti a palmo di naso. Così una canzonetta lo erudisce sull'amore, un monumento gli rammenta i più nobili interessi: egli è impossibilitato a fare a meno del manuale di istruzioni per godere appieno della contemplazione.

A Rybinsk un uomo del genere sarebbe infelice. Poniamo il caso che arrivi alla stazione e avverta immediato il bisogno di ammirare un monumento – le conseguenze sarebbero addirittura imprevedibili. Dovrebbe attendere di far ritorno a Roma, per essere certo di ritrovare tutte le sue anticaglie provviste del comfort dato dalla modernità. Ma, è certo, si troverà veramente a suo agio solo a Berlino, perché lì si è provveduto per tempo. Infatti una volta, trovandomi a far visita allo zoo, domandai a un agente dove si trovasse il più vicino... e quelli, senza lasciarmi terminare la frase, mi indicò il monumento di Ottone *il Pigro*[6].

E tuttavia, dato che solamente i cani, come è risaputo, sono tanto intelligenti da considerare i monumenti da un punto di vista pratico e si guardano bene dal risparmiare persino le pietre miliari della storia prussiana, noi esseri umani viviamo in un'epoca difficile.

Per quanto ci si guardi attorno, solo l'amministrazione della città di Vienna ha fino ad oggi dimostrato di avere la capacità inventiva di affrontare il problema unendo l'utile al dilettevole. Soltanto ella è stata tanto arguta da tenere in debito conto le necessità estetiche del cittadino.

Qui, nel cuore della città, un niente ci divide da una cosa straordinaria per la quale, persino a Rybinsk, i più sarebbero presi dalla commozione. Infatti, accanto a tutte le meraviglie dell'architettura moderna, abbiamo la gradita sorpresa di trovare un acquario[7] che persuade il visitatore a indugiare sul posto più lungamente di quanto era nei suoi iniziali propositi: così si accoglie con benevolenza, prima di abbandonare il sito, il sollecito a fermarsi ad ammirare i pesci rossi. Accade persino che vi siano tu-

---

6 Nde. Si tratta della statua di Ottone V di Wittelsbach (1346 – 1379), duca di Baviera e Principe elettore di Brandeburgo.

7 Nde. Vienna ospita il più grande acquario austriaco, che presenta, nelle sue diverse sezioni, pesci tropicali di mare e di acqua dolce, pesci del Mar Mediterraneo e di corsi acquatici regionali e squali.

risti condotti sul luogo in visita guidata, perché non si è tardato a inserire nel programma, tra un sopralluogo ai musei e un giro sulla ruota panoramica del Prater[8], questa attrazione.

D'altra parte, questa città abbonda di monumenti che appagano l'occhio. Le sue strade sono lastricate di cultura, mentre nelle altre cittadine si è soliti stendere del misero asfalto. Il passato si insinua nel presente e questo è sufficiente a spiegare anche la risaputa scarsa puntualità degli abitanti del luogo. L'orologio che regola il traffico ferroviario è indietro di alcuni minuti rispetto all'ora che regola la città e quest'ultima è a sua volta indietro di qualche decennio rispetto al fuso orario in vigore nel resto d'Europa.

Se facciamo riferimento al passato, siamo oggettivamente in vantaggio sugli altri popoli. È giustappunto questa variegata molteplicità temporale a rendere attraente l'immagine della nostra città.

Quando, da un caffè aperto, l'intera notte giunge la canzone popolare: *"Giovanotti chi non ha denaro resta a casa e io stasera rientro alle prime luci dell'alba"*, si ha evidente una certa confusione nella sfera temporale. Eppure solo due passi separano quel caffè dal Medioevo, perché proprio di fronte si trova il Duomo di Santo Stefano[9], alla sua sinistra un parcheggio per le carrozze e alla destra la tomba di Neidhardt von Reuenthal[10].

Altrettanto agevole per gli avventori è un locale notturno che non richiede estenuanti ricerche, perché è situato subito all'u-

---

8 Nde. Costruita tra il 1896 e il 1897 dall'ingegnere inglese Walter Basset, per il Giubileo dell'Imperatore Francesco Giuseppe I, in cui si celebravano i 50 anni del suo regno, la Ruota panoramica è ancora oggi una delle attrazioni più visitate della città.

9 Nde. La Cattedrale di Santo Stefano, le cui fondazioni risalgono al 1147, è una grandiosa costruzione in stile romanico e gotico nella Stephansplatz. La sua facciata è arricchita dalle due torri dei Pagani e, al di sotto, si trovano le catacombe, dove sono conservate, in urne di rame, le viscere degli imperatori.

10 Nde. Neidhardt von Reuenthal fu uno dei più noti Minnesänger tedeschi del suo tempo, attivo, soprattutto in Austria, nella prima metà del XIII secolo. I Minnesänger erano i cantori del Minnesang, un tipo di componimento lirico. Sarcastico e polemico, le canzoni di von Reuenthal erano spesso in contrasto con le tematiche degli altri Minnesänger, incentrate principalmente su amori romantici e storie di corte.

scita tra il monumento a Carlomagno[11] e i tram che procedono in tutte le direzioni. Chi esce dal quartiere di Grinzing[12] trova davanti a sé una cripta principesca. E chi, passeggiando, si è imbattuto in più di un degno emblema di Vienna e si arresta infine a quello in cui i garzoni fabbri vacanti impiantavano il loro chiodo, si avvede di un cartello di fianco che riporta: "La leggenda del *Tronco do ferro*[13] si può avere dal portiere per soli venti centesimi". Il portiere in questione è più fortunato del collega danese: può vendersi la leggenda senza dover rinnovare i chiodi.

Si deve ammettere che qui da noi, grazie alla storia, soffia un vento di modernità. Le installazioni pratiche di questa città possono anche non essere degne di nota, ma i suoi monumenti sono sistemati con indubbia praticità. Ma sono per l'appunto monumenti e, di questi, ce n'è fin troppi.

Se si ragiona sul fatto che anche gli abitanti del paese rispondono a scopi più decorativi che pratici, ci si può fare un'idea delle concrete difficoltà oggettive che si riscontrano qui da noi nel vivere quotidiano.

Nei paesi tedeschi, la sensibilità per il decorativo è talmente sviluppata che, in tavola, mai si porta il formaggio se non è accompagnato dall'insalata. L'insalata di cui si avvalgono i tedeschi risponde a un certo ordinamento cavalleresco e, d'altra parte, non sono rari individui che, anche qui da noi, conducono un'esistenza assolutamente da insalatiera.

Insalata fine a stessa è per esempio un capostazione al quale altezze reali rivolgono la parola. Si tratta di una cosa graziosa che viene auspicata al transito di ogni diretto, ma che non ha, nella pratica, alcuna utilità. Il capostazione della fermata successiva,

---

11 Nde. Carlo Magno (742-814) fu Re dei Franchi e dei Longobardi, nonché primo Imperatore del Sacro Romano Impero.

12 Nde. Un tempo antico villaggio di vignaioli sulle pendici delle prime colline del Wienerwald, Grinzing è diventato, nel 1893, un quartiere di Vienna. Il vero fascino di Grinzing sta tutt'oggi nei numerosi Heurigen, i locali dove, secondo la tradizione, si beve il vino novello.

13 Nde. All'angolo tra il Graben e la Kärntnerstrasse vi è una casa con un ceppo di legno ricoperto di chiodi, risalente al 1500: secondo la leggenda, ogni apprendista fabbro giunto a Vienna doveva conficcare un chiodo in quel tronco.

che non viene mai a contatto con personaggi di tale importanza, è costretto a lavorare sodo solo per regolare il traffico ferroviario. Ma egli è un'eccezione, perché di regola gli impiegati sono da considerarsi monumenti per i quali si fa appello al senso estetico della popolazione al fine di provvedere alla loro manutenzione.

Recentemente, un consigliere della polizia, che ha pianto in aula di tribunale perché persone malvagie lo hanno ritenuto capace di rapporti sessuali, è assurto a particolare ornamento della città.

Allo stesso modo avviene in altre circostanze della vita, dove il pittoresco, da cui già vi ho messo in guardia, diviene segno di merito e garanzia di carriera, così ovunque le persone di una qualche utilità vengono messe in disparte per far posto a quelle ornamentali come l'insalata.

Le persone che dovrebbero servirci sono opere monumentali. Il vetturino lo è perché ha una personalità propria e non mi conduce da alcuna parte. Il cameriere perché, dotato di un certo stile, mi fa attendere lungamente prima di servirmi. Il cartolaio perché canticchia divertito ed io, che attendo il giornale, nell'attesa che termini batto i denti dal freddo. Eppure, non è consentito lamentarci.

L'umanità è libera, a seguito di duri e secolari conflitti si è conquistata il diritto universale alla tortura. E oggi preferisce indugiare e penare tra i monumenti piuttosto che godersi la vita bazzicando gli istituti di beneficenza. Per cui, raramente siamo colti da una segreta nostalgia per Rybinsk, capoluogo russo di distretto.

Dal Die Fackel, 30 novembre 1908

IL MONDO DELLA PUBBLICITÀ

Fin dall'infanzia ho provveduto a istruirmi di più sulla vita annotando i piccoli accadimenti quotidiani, che non traendo insegnamento dalle massime opere d'arte. Inconsapevolmente, presi la strada giusta scoprendo e conquistando l'esistenza passo passo, invece di accettarla come qualcosa di acquisito da cui il giovane intelletto non sa trarre profitto. Gli adulti, i quali provano sempre una gioia puerile nell'addobbare l'albero di Natale con doni che sono il frutto di una cultura destinata a coloro che, invece di entrarvi, attendono davanti alla porta della vita, non si avvedono che, agendo in questo modo, rendono i bambini indifferenti alle vere sorprese che la vita riserva.

Come dicevo, fin da bambino la mia curiosità vinse sempre l'accettazione passiva: istintivamente evitavo di lasciarmi influenzare dalle idee di persone più sagge e, mentre i miei compagni di scuola riportavano brutti voti perché sbirciavano nei libri che tenevano aperti sotto il banco, io ero uno studente modello in quanto pendevo dalle labbra dei maestri per coglierne il ridicolo. Di lì a breve, tentai di ricavare dagli uomini spiegazioni sulla natura dello stesso e fu così che considerai pienamente soddisfacente ed esplicativa una forma di comunicazione artistica che, a mio modo di vedere, svelava con estrema facilità l'uomo nel suo sentire più profondo: il cartellone pubblicitario. Anche un sentimentale suonatore ambulante che, nelle domeniche estive, si esibiva all'organino nelle vicinanze della nostra casa di campagna contribuì a dare un'impronta al mio spirito; così, smisi di dare caccia alle mosche e iniziai a indagare sui misteri dell'amore.

Taluni, fieri del fatto che il Tristano[14] abbia suscitato su di loro il medesimo effetto, seguitano a catturare mosche. Per quanto concerneva le impressioni esterne che mi avrebbero dovuto portare a esperienze interiori, fui allo stesso modo senza pretese; biasimavo le forti eccitazioni che i fragili di spirito ricercavano perché, se anche sortivano un momentaneo effetto lenitivo, alla lunga procuravano in loro maggiore danno.

I numerosi edifici che ospitavano biblioteche e i musei, davanti ai quali nel corso della mia esistenza sono passato, non possono certo lamentarsi della mia invadenza: mi ha sempre attratto la vita di strada, recepire i rumori del giorno come fossero la colonna sonora dell'eternità era un'occupazione che appagava la mia ricerca di piacere e ogni mio desiderio di apprendimento. È innegabile che colui il quale racchiude in sé il tre volte pericoloso idealismo che gli dà conferma della bellezza paradossalmente possa venire spinto alla riflessione da un cartellone pubblicitario.

Sono veramente preziosi i chiarimenti di cui sono debitore alle affissioni dell'epoca, quando si operavano i primi tentativi di coniugare lo spirituale alla vita esteriore. Infatti era sempre più evidente il tentativo di offrire all'osservatore distratto da interessi più elevati un equivalente surrogato nei manifesti. Quegli doveva giustappunto trovare, dove meno lo riteneva probabile, i valori spirituali dai quali veniva allontanato e la sua sorpresa sarebbe stata tanto più grande se avesse scoperto che i lucidi da scarpe, alla cui osservazione aveva sacrificato arte e letteratura, erano strettamente connessi a quegli indispensabili beni della vita. Come se si incontrasse in America un caro conoscente dal quale ci si era accomiatati in Europa, lo stupore è immenso perché l'insperata compagnia contribuisce a meglio

---

14 Nde. La storia d'amore di Tristano e Isotta, di origine celtica, rappresenta uno dei più bei romanzi della letteratura cortese. Durante gli anni, è stata rielaborata più volte da un gran numero di autori. Il più antico romanzo su di essa, opera di Béroul, narratore normanno del XII secolo, fu scritto probabilmente verso il 1170.

fare apprezzare i luoghi visitati.

Fino a quel momento la conoscenza dell'utilità di un paio di bretelle era stato un caso che niente aveva a che spartire con la pittura, la saggezza derivante dai detti popolari e l'accendersi delle passioni, ma se, a quelle stesse bretelle, vengono attribuiti valori spirituali e artistici perché non esserne compiaciuti? Perché faticare a percorrere due strade, quando la felicità la si può trovare avventurandosi su un'unica via? Perché impiegare capitali per ideali dello spirito che, con l'acquisto delle bretelle, si ottiene senza versare un centesimo?

Il commerciante ha monopolizzato i beni della vita e, anche se le arti figurative affermano di quando in quando la libertà di essere una merce a se stante e non di servire da imballaggio ad altri articoli, è divenuto da subito evidente che la parola dello scrittore avrebbe per forza di cose perso senso di esistere al di fuori della réclame. Questo non significa che la vita spirituale dovrebbe temere una limitazione a causa degli interessi commerciali. Da una prospettiva di miseria, si sarebbe piuttosto portati a svolgere una professione sociale e numerosi talenti artistici che, altrimenti soffocati nel miasma di problemi ingrati, avrebbero l'opportunità di campare servendo la convinzione che "per l'eternità" si può avere solo un servizio di posate e, come se non bastasse, a un prezzo veramente irrisorio.

Da quando si prese a confinare la vita spirituale nella cartellonistica, non ho perduto una lezione di quelle impartitemi da ogni genere di affissi. E, ancora prima di riconoscerne il valore pubblicitario, li ho considerati un monito.

Poco tempo dopo, appresi ogni cosa di quanto concerneva lo spirito. A rivelarmela fu l'immagine in una vetrina di due uomini, dei quali uno armeggiava con una cravatta, mentre l'altro gli stava accanto mostrandosi compiaciuto del risultato ottenuto dal collega. Esclamava malignamente quest'ultimo: "Mio caro amico, perché affannarsi tanto? Acquista i bottoni per colletto *Schlesinger*, i soli che possono facilmente fissare colletto e cravatta!"

Fino ad allora, non avevo mai ritenuto necessario che l'umanità abbisognasse di istruzioni visive in quel campo: infatti, ipotizzai che si trattasse di una rappresentazione realistica, che nella buona società conversazioni del genere fossero abituali, che dovessero esistere molte persone la cui vita era incentrata su quel problema e che tutti fossimo per lo più stati generati per unire cravatta e colletto. E così, improvvisamente, vidi in strada una moltitudine di gente simile a quanto rappresentato in quella vetrina, vedevo quelle facce in ogni dove e, se anche tutti portavano i baffi incerati e le scarpe a punta, imparai a distinguere tra loro quale fosse il perdente, quale il lieto vincitore, quale l'irascibile, quale l'ingiurioso. Da quella immagine, riuscii a cogliere la prima, decisiva impressione sull'umanità, che nella stragrande maggioranza consiste in commessi di negozio. Così d'acchito, senza neppure rendermene conto, io divenni quello a cui tutti domandavano: "Caro amico, perché ti affanni tanto?"

Questo accadimento mi ricondusse verso i cartelloni, nei quali era riassunto il terrificante contenuto dell'esistenza. Finii per immaginare che essi si fossero fatti carico di ogni attività spirituale, che i punti cardine della letteratura, i detti popolari e perfino le sensazioni scaturite dal cuore potessero trovare utilizzo solo lì, che la vita al di fuori della propaganda pubblicitaria fosse vuota apparenza o, al massimo, un efficace stazionare nell'anticamera della morte.

Un bel giorno si ebbe il diluvio del mercantilismo e, volendo compare Sarto e fratello Calzolaio farsi esecutori della volontà divina, ne nacque la moda di riportare i volti di queste persone a ogni angolo di strada. Per anni, mi perseguitò un viso nei cui tratti ritenevo di aver scorto la fierezza di una battaglia vinta. Io invecchiavo, ma quel volto mi veniva sempre riproposto senza rughe, tanto che ero certo che non solo mi sarebbe sopravvissuto, ma avrebbe caratterizzato il secolo.

Una volta era la fisionomia di Napoleone[15] a influire tanto a lungo sulle donne in gravidanza dell'epoca e ancora i lineamenti dei pronipoti sono tali da insinuare il dubbio che si fosse trattato di adultere.

---

15 Nde. Napoleone Bonaparte (1769 – 1821), politico e militare fu fondatore del Primo Impero francese.

Il volto che oggi lascia una simile impronta sulle generazioni a venire è quello di un orologiaio. Dato che quell'uomo ritratto si vanta dei suoi orologi, senza dubbio i migliori, come può non avere personalità? La sua testa è una garanzia e tale lo è anche il suo guardo fiero, onesto...

"Dove ho già visto quella faccia?", si chiedevano in molti senza venirne a capo.

Si incontrava un uomo, lo si salutava come fosse un conoscente di vecchia data e neppure si sapeva chi in realtà fosse. E tuttavia, all'isolato successivo, un manifesto ricambiava il saluto. Si trattava del conduttore di una locanda, di un produttore di cappelli o lubrificanti noti ai più: ma mai ci sarà concesso di incontrarlo personalmente. Avete forse mai visto Beethoven[16] scendere dal suo piedistallo? Esiste un vita che si colloca al di fuori della réclame? Se un treno ci conduce fuori città, troveremo certamente un prato verde, ma siamo certi che non si tratti di un manifesto che l'imprenditore di lubrificanti ha esposto in collaborazione con la natura per rammentarci del suo prodotto e porgerci un saluto anche da lì?

Non c'è modo di sfuggire a tutto questo. Allora, che altro resta da fare se non chiudere gli occhi e trovare confortevole rifugio nei sogni? Una via di fuga inutile perché il conduttore della locanda vede la sfera onirica come un'occasione propizia a farci rammentare di lui, accostando al sogno il suo volto.

Da questo consegue un'orrenda verità. Il mercantilismo per l'affissione non si fa scrupolo di utilizzare, fin dove gli è possibile, anche la nostra coscienza. Il mondo del giorno non offriva spazio sufficiente e così si è pensato bene, per la propaganda, di avvalersi di immagini e volti che hanno la peculiarità di riemergere in noi nel dormiveglia! E, poiché esistono anche suoni che conciliano il sonno, allucinazioni uditive verso cui tendono i sensi intorpiditi, sono stati destinati al fine – un brivido mi assale – quelle frasi e quei richiami che colmano la nostra coscienza durante il giorno.

Quale terribile minaccia! Neppure siamo a letto e ci troviamo

---

16 Nde. Ludwig van Beethoven (1770 – 1827), fu un compositore e pianista tedesco, considerato uno dei più grandi musicisti di tutti i tempi.

a espiare le colpe di Macbeth[17]. I regnanti dell'esistenza scorrono in rapida sequenza uno dopo l'altro: il re dei bottoni, quello dei detergenti, quello della manifatture, delle cartoline, dei tappeti, del cognac e, per ultimo, il supremo tiranno della gomma. I suoi occhi ci rammentano i nostri peccati e tuttavia la sua figura assicura il mai venir meno della fiducia che l'uomo ripone in se stesso. E ancora compare una testa dalla capigliatura arruffata, che dice: "Ero calvo!"

Un altro sostiene: "Si possono contare ancora dei brufoli, ma in questo punto dove ho fatto uso della pomata tal dei tali sono scomparsi".

E un ulteriore volto mostra dei vari prodotti il risultato finale ancora prima che questo sia conseguito...

Fa poi capolino un "volto intelligente", quello di colui che adopera il lievito in polvere del dottor Oetker[18].

"Il posto dove si mangia bene e si beve il meglio", si sente sussurrare nell'aria, mentre si spalanca un bocca per ingoiare gulash e un altro, seduto al tavolo di fianco al primo, mostra come si lascia facilmente bere dell'ottima birra.

E adesso chi sta arrivando? Guglielmo Tell[19] e figlio?

"È forse dalla testa di mio figlio che dovrei...", si mostra titubante, ma si presenta forte del marchio di una nota azienda che produce cioccolata.

Guarda ora chi si sta facendo strada? È una donna con i capelli che le arrivano fino ai piedi, un soggetto, dunque, che ha ottime ragioni per accentuare la sua personalità e dice: "Io Anna...".

Le sue parole si perdono a causa del rombare di un motore di automobile, il cui guidatore grida: "Viaggerà bene, se berrà il surrogato di caffè".

---

17 Nde. Macbeth è tra i più conosciuti drammi di William Shakespeare, composto tra il 1605 e il 1608.

18 Nde. August Oetker (1862 – 1918) fu un farmacista e imprenditore tedesco, inventore del lievito in polvere.

19 Nde. Il personaggio di Guglielmo Tell rimane avvolto da leggenda e mistero. Eletto eroe nazionale svizzero, si pensa sia vissuto tra il XIII ed il XIV secolo, sebbene sulla sua reale esistenza ci siano ancora numerosi dubbi.

"La distanza non è un impedimento!", esclama un saggio che offre al mondo gli abiti dismessi dai signori.

A questo punto gli slogan si sprecano: "Chiedete a chiunque", "Bellezza è sinonimo di ricchezza e potere", "Guarisce straordinariamente con una sola applicazione...", "Il fascino di una donna consiste nel...", "È giunto il momento di gettare le bretelle...", "Chi lo prova, lo acquista...", "Ha già pensato alla biancheria infantile?", "Ogni cresimando vuole...", "Premiati formaggi *Olmutz*, conosciuti e apprezzati in tutto il mondo", "Noi abbiamo ciò che fa al caso vostro...", "Vuoi diventare forte e godere di ottima salute...", "Questo è il mio aspetto quando porto un busto dalla linea razionale e neppure mi accorgo di indossarlo", "Il segreto del successo...", "Sicuro come uno più uno fa due...", "Finalmente puoi rasarti al buio con...", "Se una madre non è capace di...", "Gratis per 10.000 corone...", "Ammazza cimici e insetti di ogni specie...", "La musica allieta il cuore", sì... dormirò di sasso e farò sogni erotici. Una canzoncina suona così "*...amo una sola, la cara, piccola...*", ed ecco che viene proposta una pillola.

E cosa volteggia laggiù a mezz'aria?

"Sono un guanto di gomma, non mi conosce, signora?"

Poi, riparati da un ombrello, arrivano Romolo e Remo[20]. Come dite, la fondazione di Roma è procrastinata per il brutto tempo?

"Si rende responsabile di un delitto colui che...", si sente urlare.

Ho la febbre. Attorno al mio capezzale, si trovano un luminare e cinque medici a consulto: "Impotenza", mormora uno di quelli con disprezzo. "Non si scoraggi, ci vuole niente" afferma comprensivo qualcuno: "Beva acqua minerale...", consiglia un altro.

"Il *Krondofer* sulla nostra tavola è sempre presente...", si sente proferire qualcuno.

"Ingerisca l'*Altvater* di Gessler", sento dire mentre una barba mi solletica.

---

20 Nde. Secondo la leggenda Romolo e Remo, gemelli generati dall'unione del dio Marte e della principessa Rea Silvia, riuscirono a sottrarsi all'inevitabile destino di morte. Romolo, una volta scoperte le proprie origini, divenne il fondatore della città di Roma e il suo primo re.

"Mastica già *Ricci*?", chiede un coboldo[21].

"Come posso diventare più forte?", lamenta un tipo che, nella camera, si sente a disagio e nell'incubo mi grava sul torace, farneticando qualcosa del tipo: "Se solo potessi parlarle a quattrocchi...".

"Aiuto! Soccorso!", e adesso chi c'è? Chi sbatte il capo contro la parete? Chi si strappa i capelli? Chi si dispera, si rallegra, si lamenta e ride, saltella qua e là battendo di pugni contro la finestra? Oh, è un infelice, a cui viene impedito di vestirsi come Gerstl[22], che alla fine riesce ad averla vinta.

"Mi uccido!", minaccia quando lo trattengono.

"Cosa? È mai possibile?", asserisce sbigottito, perché trova i prezzi troppo modesti.

"Libertà di scelta!", urla, conquistandosi in questo modo anche il favore della democrazia riferita alle stoffe. Adesso c'è un generale scompiglio e mi riesce difficile comprendere cosa accada. Balzano su cento volti e altrettante grida risuonano. Mi giungono suggerimenti come: "Cucina col gas, lava con l'aria, fai il bagno in casa!" E, poiché la vita assedia il mio letto di dolore con tanta abbondanza, offrendomi tutte le comodità, tutte le squisitezze meccaniche che solo a quest'ora si possono ottenere, un armaiolo, avvistosi che io non mi raccapezzo più, supera il frastuono con un messaggio pubblicitario che sollecita: "Suicidati!"

Dal *Die Fackel* del 26 giugno 1909

---

21 Nde. Si tratta di uno spirito folletto della mitologia e del folclore germanico. Di natura benevola, malizioso e scaltro, protegge la casa e i suoi abitanti. Viene rappresentato come un nano.

22 Nde. Richard. Gerlst (1883 1908) si accostò alle soluzioni di E. Munch, L. Corinth e O. Kokoschka, elaborando alcune serie di passionali, allucinati ritratti e paesaggi. Morì suicida dopo aver distrutto gran parte delle sue opere.

LA DISCREZIONE
DEI MEDICI

Un caso giudiziario ha messo in discussione il segreto professionale dei medici e questo ha dato occasione ai pettegoli della stampa di stringere d'assedio eminenti esemplari della categoria. Tutti i diretti interessati si sono mostrati felicemente concordi nell'esprimersi in favore della riservatezza.

Quanti aprono bocca innanzi a ogni intervistatore, tenendo in questo modo alto l'onore professionale e portandolo su vette talmente elevate che a occhio nudo risulta impossibile vederlo, si ostinano a non voler capire che, talvolta, non è una questione di amore per il pettegolezzo e che vi sono casi di coscienza che richiedono, necessariamente, il sacrificio del proprio onore professionale. Ma peggiore del sollecito a tenersi alla larga da un matrimonio, al quale siano attinenti gonorrea e dote, è l'atteggiamento tenuto da certi medici di fiducia, che si abbandonano a confidenze con ogni fattorino dell'opinione pubblica e allusivamente raccontano di casi in cui hanno mantenuto stretto il segreto professionale.

Primo fra questi è il celebre samaritano che ha contribuito a esportare la fama dei dolci viennesi a Catania. Egli asserisce con fermezza che la patologia deve rimanere un segreto, ma mai si convertirebbe a una morale che prescrive di non parlare neppure del medico. Su questa strada non va molto lontano; deve pur essere concessa qualche volta l'occasione di vantarsi della propria discrezione. A questo proposito, una volta venne chiamato il pronto soccorso a intervenire in un'abitazione dove un uomo giaceva privo di sensi accanto a una donna, il cui coniuge sarebbe rincasato mezz'ora più tardi.

"La signora mi scongiurò sulle ginocchia – quelle di lei – di far sgombrare quanto prima il sofferente, affinché il marito non venisse a conoscenza che quegli era stato soccorso lì".

Tutto appariva ovvio e così, qualche minuto dopo, il soggetto infortunato venne condotto altrove.

"Un paio di giorni dopo questo intervento, venne da me il marito della signora in questione dicendo di aver appreso, dalle chiacchiere degli altri inquilini, che era stato richiesto l'intervento medico nel suo appartamento. E che, di questo, esigeva immediate informazioni da me".

Il pronto soccorso volontario sarebbe potuto giungere in maniera più semplice in Sicilia e senza che ne fosse data occasione a un giornale di darne notizia, ma in tal caso mai avrebbe attirato l'attenzione dei vicini viennesi.

E, cosa fece il signor Charas?[23]

"Mi rifiutai di fornire informazioni, trincerandomi dietro il segreto professionale, salvando in questo modo la felicità di un matrimonio".

Echeggia ben alto il canto di lode di un galantuomo. Se, infine, qualche anno dopo, della faccenda non ne avesse fatto cenno a un reporter, mai avremmo saputo la percentuale di discrezione presente in un medico di turno al pronto soccorso. Nel caso che abbiamo portato ad esempio, il marito fece ritorno a casa rasserenato, ponendo fine alle malelingue del vicinato grazie al segreto professionale; la moglie, da parte sua, sedò gli ultimi guizzi di gelosia con la plausibile giustificazione che l'avvenuto intervento del pronto soccorso fosse una baggianata messa in giro da alcuni inquilini invidiosi e la discrezione dei medici prova certa che mai erano stati lì. In questo modo, la coppia visse d'amore e d'accordo fino al giorno in cui comparve sul *Neues Wiener Journal* il ricordo del signor Charas di quell'episodio e di come si era prodigato a togliere dai pasticci la signora Venus. Non erano riportati nomi,

---

23 Nde. Il riferimento è qui a Heinrich Charas (1860-1940), medico viennese.

se non quello del benefattore, ma, poiché vi erano ancora vicini in vita abbonati alla suddetta testata, questi non mancarono di far leggere l'interessante articolo al marito della donna, chiedendogli se non vi notasse qualche somiglianza con il caso in cui, a suo tempo, era stata coinvolta sua moglie, quando il segreto professionale aveva privato loro della fama di vicini sinceri.

In merito all'episodio, una rinnovata richiesta del marito al signor Charas si infranse nuovamente contro il segreto professionale e così si riuscì ancora a prolungare la serenità di una solida unione coniugale...

È opinione comune che il dovere del medico sia quello di guarire. Il vero filantropo, distribuendo pasta e fagioli al prossimo, non solo favorisce la felicità nei vivi, ma rende onore anche ai defunti. Cosa potrebbe fare, invece, la scienza medica quando uno è già bell'è che morto?

Il medico può accontentarsi di mandare il conto del suo operato ai parenti o altrimenti salvaguardare il buon nome dell'estinto. Il direttore del pronto soccorso volontario è molto orgoglioso di agire in maniera tale da preservare intatto l'onore di coloro passati a miglior vita. E infatti ha raccontato, in merito a una chiamata pervenuta nella Josefstadt: "Nell'appartamento di una prostituta trovammo morto un noto personaggio. Dato che ero a conoscenza del fatto che l'uomo teneva famiglia, lo feci immediatamente portare con l'ambulanza a nostra disposizione – sebbene non ci sia obbligo alcuno di trasportare cadaveri – fino al più vicino obitorio, dove ai responsabili, dichiarammo che era spirato durante il tragitto. In questa maniera, ottenni il duplice risultato di preservare l'integrità morale del soggetto in questione e di risparmiare alla vedova un brutto ricordo".

Se il *Neues Wiener Journal* ne fosse stato informato prima, non avrebbe mancato di descrivere nel dettaglio l'appartamento della "signora" e comunicare che vi si trovava in visita un personaggio conosciuto al grande pubblico. Dal racconto del signor Charas, in ogni caso, traspare una profonda e discreta comprensione per lo sgradevole imbarazzo in cui può venire a trovarsi un personaggio di fama, laddove sia sorpreso dalla morte in casa di una signorina di dubbia reputazione. In casi del genere, il pronto soccorso non è tenuto a intervenire, ma, è proprio vero, lo spirito umanitario non conosce limiti.

Il significato del termine samaritano si comprende nella sua pienezza quando non rimane altro da fare che provvedere al trasporto della carcassa e tenere la bocca cucita fin quando non si presenta un reporter che si fa raccontare gli episodi più interessanti tra quelli inizialmente taciuti.

In verità, mantiene più riserbo colei dedita al meretricio. Questa, infatti, non si è presentata al domicilio della vedova proprio per far sì che ella non avesse un triste ricordo del coniuge. Per cui, se la povera donna alla quale è deceduto il coniuge non fosse stata per sua fortuna abbonata al *Neues Wiener Journal*, non avrebbe mai saputo alcunché dell'incresciosa faccenda. Così, invece nutre quantomeno un sospetto, che non può essere annullato neppure interpellando i medici del pronto soccorso i quali, con la scusa del segreto professionale, al riguardo non sono disponibili a rilasciare informazioni.

Un altro samaritano, intendo dire il direttore di quella clinica viennese, dove i luminari svolgono le loro attività finanziarie, testimonia, se ancora se ne avverte la necessità, l'importanza del segreto professionale.

Eccovene un esempio: "È deceduto nel mio istituto un commerciante ammalato di cancro. Un suo compagno in affari venne da me per sapere quale tipo di patologia fosse stata rilevata nell'uomo e quale sarebbe stato il decorso. Se io gli avessi detto la verità, la prima conseguenza sarebbe stata che quegli gli avrebbe rifiutato ogni credito. Per cui, venendo meno al segreto professionale, avrei danneggiato o portato alla completa rovina il paziente. Perché l'uomo, nonostante l'allarmante quadro clinico, magari, poteva vivere ancora qualche anno e gli era necessario trovare credito".

Parole d'oro, proprio da buon samaritano! La rettitudine è qualcosa che deve sempre tener conto dell'aspetto economico. Non si tratta di tacere, di respingere l'egoistica curiosità dell'amico in affari, ma di mantenere la possibilità di accedere al credito del paziente. Appare evidente che la scienza medica, quando venga delegata alle cliniche private, debba porre a queste cose particolare attenzione. Uno dei suoi compiti più importanti consiste nel preoccuparsi del benessere economico dei malati di cancro di ceto elevato. Questo perché si sa bene quanto sia importante preservare inalterati i canali di credito del sofferente, quando ci si trova a dover decidere la durata delle cure a cui deve essere sottoposto. Capita che alcuni debbano essere assistiti anche per un decennio una vera fortuna! e per tutto quel lasso di tempo nessuno si sogni di chiudere loro i rubinetti.

Pazienti, della cui sana costituzione fisica l'esperto dottor Noorden[24] si persuade a colpo d'occhio, vengono ricompensati con la brevità della visita. Così di contro al gran numero di pazienti di classe elevata che una clinica ospita coloro assistititi dal dottor Noorden erano dislocati nei più disparati luoghi prima di giungervi –, si è adottato un sistema che non reca danno al medico, tanto meno al paziente. E, se per la battuta espressa sulla soglia dello studio: "Come va? Riscontra un miglioramento? Bene, allora adesso deve mangiare, mangiare in abbondanza!", si corrispondono quaranta corone, se ne può pure dare colpa al generale rincaro del costo della vita, ma nessuno sprecherà la sua compassione per coloro i quali, con un articolo di lusso, acquistano la sola consapevolezza di poterselo permettere. E chi non si dice accontentato dalla provvidenza di una nemesi economica che fa giungere a Noorden il denaro guadagnato a strozzo nei paesi orientali dell'Impero?

Se la città di Francoforte, per un maggiore afflusso di turisti, supplica un figliol prodigo di far ritorno, la sola preoccupazione di Vienna deve essere quella di non far diventare gente del luogo, a seguito di prolungate cure, stranieri che si sono persuasi a venire fin qui. La legge che regola le cliniche dovrebbe essere la seguente: ricoverato con grande capacità creditizia, dimesso completamente guarito. La perdita di credito pregiudica la salute più di qualsiasi emorragia e noi abbiamo giustappunto appreso da

---

24 Nde. Il riferimento è qui a Karl von Noorden (1858-1944), medico viennese specializzato nella cura del diabete e dei disordini del metabolismo.

questi luminari che condizione essenziale perché sia diagnosticato il diabete è il godere di un alto tenore di vita, mentre un sistema di vita modesto è causa di una prognosi nefasta. La scienza ha da un pezzo dimostrato quali siano le conseguenze di un crollo fisico generale e un intervento chirurgico è vivamente consigliato finché il sofferente si trova ancora al primo stadio della sua capacità di credito. Per un'iniezione di canfora si è a tempo anche più avanti e poi non è detto che sia necessario sottoporsi a un intervento chirurgico invasivo.

Lo stesso Noorden raccomanda una ricca e prolungata alimentazione in caso di un alto rendimento di sconto. Condizione essenziale è sempre la medesima cosa, ovvero che il paziente sia ignorante in materia medica, ma abbia un'eccellente capacità di credito.

Talvolta, uno sguardo preoccupato del chirurgo blocca l'assistente che già stava disponendo i ferri: "Cosa dobbiamo togliere al paziente, caro collega?"

"Non credo sia necessario ricorrere all'amputazione...".

"E tuttavia, ritengo opportuno...".

"Già, ma questo è meglio tacerlo, visto che il paziente è quasi un consanguineo".

Sono questi gli incidenti a cui il chirurgo deve giungere preparato. E non tutti sono tanto assistiti dalla buona sorte, da ottenere nella pittura una degna ricompensa alle difficoltà della professione; essa per lo più si manifesta quando il chirurgo agisce di bisturi nel ventre di una gentildonna. Tutt'oggi questi gran dottori prescrivono non per immagini, ma per iscritto, non nelle gallerie d'arte, ma nelle pagine di cronaca locale dei quotidiani.

Il riserbo professionale viene strettamente mantenuto in entrambi i campi. E non certo per motivi di natura economica, anche l'onore ha la sua rilevanza. Non sempre è in ballo la capacità di credito di un vecchio ebreo, spesso anche le possibilità di contrarre matrimonio di una giovane fanno affidamento alla scienza medica.

Il direttore della clinica ce ne offre un esempio: "Non molto tempo or sono venne da me una signorina di ottima famiglia che volle confidarmi di essere in stato di gravidanza. I genitori non erano al corrente dell'incresciosa faccenda e mai avrebbero dovuto esserne informati. Ricoverata in cinica, la ragazza diede alla luce un grazioso pargoletto, mentre i genitori sapevano e sanno tutt'oggi ch'ella, affetta da una patologia curabile che richiedeva un immediato intervento chirurgico, era stata da noi sottoposta alle cure del caso. Adesso la giovane è moglie pienamente soddisfatta di un marito felice e nessuno sospetta quanto è accaduto in questo istituto. In tal caso, il segreto professionale ha contribuito a mantenere e a costruire la serenità di un intero nucleo familiare. Se, altrimenti, noi ci fossimo sentiti in dovere di informare dell'accaduto i genitori della ragazza, avremmo recato danno a tutti senza essere di aiuto ad alcuno. E questo è il principale motivo per cui al segreto della professione non si dovrebbe venire meno neppure nel futuro".

Il medico ha certamente ragioni da vendere. Ma ha omesso di elencare i vantaggi di cui, in casi del genere, il proprietario della clinica gode, i quali sarebbero anche maggiori se non vi fosse in vigore una stupida legge che ogni ginecologo osserva scrupolosamente per non finire nei pasticci. Ed è assodato quanto la discrezione su una nascita indesiderata valga economicamente di più di una denuncia per procurato aborto. Le caste signorine della buona società sarebbero certo più prudenti se il segreto professionale non avesse valore di fronte alle richieste di ricevere informazioni da parte dei genitori della partoriente. E qualche signora che gradirebbe, per ovvi motivi, non divulgare a un gazzettiere un segreto che per il coniuge deve rimanere tale, eviterebbe di rivolgersi a un istituto ospedaliero privato dove ci si fa vanto della discrezione a voce troppo alta.

Ma soprattutto, la giovane signora in questione, d'ora in avanti, sarà tenuta a far fronte ai sospetti che nutriranno verso di lei i genitori e il gaio consorte perché, nonostante le sia riuscito di mantenerli all'oscuro dell'avvenuto parto, ora che il *Neues Wiener Journal* ha pubblicato un articolo su questo oscuro traffico, si troverà a dover confessare che il suo ricovero in clinica non era dovuto a una malattia, ma a ben altri scopi. Così la discrezione dei medici si può giustamente asserire che abbia contribuito in maniera determinante al quieto vivere di una giovane coppia e dei rispettivi familiari.

"Ed è giustappunto per questo che, anche in futuro, il riserbo professionale non dovrà mai venir meno".

E io aggiungerei, non è il caso di estenderlo anche ai rapporti che i medici tengono con la stampa?

Poiché se questi rapporti divenissero troppo intimi la discrezione dei medici finirebbe per divenire una calamità. Se il segreto professionale venisse abrogato, questo andrebbe a vantaggio del sano e a danno del malato, mentre il vanto di osservarlo danneggia sempre il secondo, ma non procura al primo alcun favore.

È certamente una questione della massima importanza decidere se la scienza medica debba dedicarsi o meno alla salvezza di un matrimonio borghese a rischio di gonorrea. E tuttavia, l'avvelenamento dell'umanità per mezzo delle strategie di propaganda, l'abuso di moralità in una società immorale, le chiacchiere sul segreto professionale sono concetti e punti di vista superati.

Di recente, a Berlino, un gruppo di scienziati sposati sono stati accusati di avere al loro servizio procacciatori di clientela per una signora troppo provata. Da noi non hanno bisogno di intermediari: scendono personalmente in strada senza vergognarsi di offrire materiale da pubblicare a giornalisti e reporter. Così, in un mercato di libera concorrenza, si verrà per forza di cose a sapere chi è capace di curare meglio e altrettanto, gridandolo ai quattro venti, verrà reso noto chi è maggiormente portato a tenere la bocca chiusa.

Una ruffiana, alla quale in un'occasione fu chiesto se fosse anche discreta, esclamò indispettita: "Io? Credete forse che sia dovuta al caso la mia clientela di alto lignaggio? Giusto ieri è venuto da me il barone Matsch von Rückenmark! Si, proprio lui, quello che ha sposato la figlia del vecchio Lustgewinn! E domani pure lui sarà mio ospite. La moglie d'altronde non è certo una santa. Corre voce che sia lei la protagonista di quella brutta storia avvenuta in clinica di cui parlano i giornali! Caro mio, se non sapessimo mantenere segrete certe faccende private...".

Dal Die Fackel 26 giugno 1909

IN MERITO AI VOLTI

Quanto mi ha sempre intimamente scosso è la naturalezza con la quale la maggior parte della gente indossa il proprio viso. E il fatto che, se un volto mi è gradito e l'altro assai meno, a colmare la misura, accorra a giustificazione un terzo elemento oggettivo: l'uomo non ha colpe in questo, deve tenersi il volto che la sorte gli ha riservato.

Nessun punto di vista è maggiormente insostenibile: infatti, la responsabilità che uno si assume per il proprio naso prominente è fondata quanto quella che egli si accolla per le sue convinzioni politiche. Per queste ultime, l'uomo, nelle maggior parte dei casi, non può in alcun modo essere ritenuto responsabile, perché gli vengono dalla nascita, da un'errata educazione, da una congenita debolezza spirituale o dal cattivo esempio ricevuto dall'ambiente in cui cresce.

Al contrario, un difetto fisico nasce da una mancanza di riguardo che colpisce gravemente, vista l'ampia possibilità di scelta nelle forme di suicidio. Ho notato che gli afflitti da un viso, sul quale Dio ha impresso il marchio merce di scarto, non solo non indietreggiano timidamente di fronte alla deturpante immagine estetica del mondo, ma addirittura agiscono in modo da attirare lo sguardo del prossimo. Si può essere certi che colui fornito di orecchie a sventola, non coglierà mai la critica che il suo volto somiglia al pitale di Attila[25], ma sempre vivrà pensando di esse-

---

25 Nde. Attila (406 453) fu l'ultimo e il più potente sovrano degli Unni, che governò dal 434 fino alla sua morte. Soprannominato flagello di Dio per la sua ferocia, è diventato una figura leggendaria nella storia europea. Il suo personaggio appare tra i più controversi: se da

re quanto mai simile al ritratto di Dorian Gray[26]. In lui neppure si noterà l'ombra di una pentita rassegnazione, per il fatto di essere uno scherzo della natura! Invece, la sicurezza che traspare da simili tratti porta alla conclusione che il felice proprietario di quel viso lo ritenga la forma definitiva tra tutte quelle possibili e immaginabili; sì, la forma che, nei futuri atti creativi, verrà presa in considerazione come unica e, in quanto tale, determinante e decisiva per la moda.

Se la bellezza è troppo ambiziosa per potersi considerare perfetta, niente vince la fierezza di una bruttura congenita. Chi la solleva dalla sua responsabilità fa un torto alla propria capacità di autocritica: "Sono così e non potrei essere diversamente" è una scusa che giustifica tutto.

È invece assolutamente biasimevole somigliare a un altro. I lineamenti del volto sono l'unica caratteristica per cui il volgare si distingue dal quotidiano. Se essa viene a mancare, ne deriva una confusione inesplicabile ed è per questo che, in Germania, si tenta di porvi rimedio intervenendo sulle punte dei baffi. Ma proprio a questo riguardo, la vanità può avere un ruolo fatale e generare somiglianze che mettono nel più grave imbarazzo chi se ne avvede. In sé e per sé, è già uno spettacolo inqualificabile che si gridi *evviva* a sproposito e sarebbe addirittura funesto se una manifestazione simile fosse diretta a un caporale che porta i baffi secondo la moda di una volta, proprio mentre passa, senza essere riconosciuto, un ufficiale di più alto grado che, non essendosi ancora immedesimato nel suo ruolo, conserva un'espressione pacata...

In ogni caso, nella vita le somiglianze sono spesso causa di spiacevoli complicazioni. Sarebbe sufficiente forse rimproverare alla creazione una certa indolenza, se essa non avesse dimostrato, con l'istituzione dei gemelli, una pianificazione del processo che si regola da sola. Sono immense le difficoltà a cui si va incontro se si pensa a un asino e se ne percuote il fratello: nel suddetto caso,

---

taluni è considerato un guerriero feroce e crudele e da altri un condottiero impavido e coraggioso, altri ancora lo celebrano come un grande e nobile re.

26 Nde. Il ritratto di Dorian Gray è un'opera di Oscar Wilde, pubblicata nel 1891. Il romanzo, considerato tra i massimi capolavori della letteratura inglese, è uscito per Edizioni Clandestine nel 2010.

l'unico conforto perviene dal confidare che le botte siano capite a un altro animale. Qualunque cosa accada, i gemelli non possono che incolpare se stessi. È uno spettacolo impagabile assistere a come l'uno trascini sempre appresso a sé l'altro. Recentemente, si è avuta notizia di uno di due gemelli che, stanco di questa situazione, si è sparato e l'altro l'ha subito imitato. Erano entrambi ufficiali dell'esercito con il grado di maggiore. Girava voce che fossero sull'orlo della bancarotta a causa della passione del gioco. Per cui rischiavano di essere degradati.

Non erano riusciti a rispettare una scadenza di pagamento, perciò si recarono al quartier generale e, fatto ritorno a casa alle dodici e quarantacinque, scrissero molte lettere, incaricando gli attendenti di consegnarle; poi, si spararono. L'uno, nell'angolo destro della stanza, mirando alla tempia sinistra, l'altro, posizionato nell'angolo sinistro, centrando la tempia destra. Finalmente, erano riusciti a generare tra loro un distinguo. Se, in condizioni più favorevoli, avessero continuato a vivere, il caos alla fine li avrebbe ridotti alla disperazione. Infatti, la notizia di cronaca si chiude con la dichiarazione che i due fratelli avevano sperato di risolvere i loro problemi con un matrimonio che non era andato a buon fine. Comunque, uno dei due avrebbe dovuto mantenere quanto l'altro aveva promesso, se questo non si fosse dimenticato di quello che l'altro non riuscì a rammentarsi.

Questi rapporti confusamente intrecciati avevano condotto i gemelli alla morte.

La natura si decide per i gemelli unicamente in casi estremi, Essa genera duplicati quando un solo esemplare, in mancanza di personalità disponibili, non è stato sufficiente per la creazione di uomini di poco conto. Che uno si trovi a sospirare quando l'altro è innamorato è una situazione imbarazzante, che uccide anche senza la perdita del comune grado di generale.

E tuttavia, non di rado anche la somiglianza tra padri e figli porta alle più tragiche conseguenze. Sarebbe semplicemente un problema familiare, se non si presentassero occasioni di eccessi d'ira pubblici, nei casi che riguardano figli di genitori celebri. È già di per sé triste che uomini, i quali svolgono un'attività creativa in un qualunque settore, nutrano il desiderio di farlo anche in campo sessuale; bisognerebbe quantomeno preoccuparsi che, nella discendenza, venisse impedita in origine qualsiasi traccia di somiglianza. E allora che ne sarà di un giovane incapace di comporre, ma che, nell'aspetto, è perfettamente somigliante a un padre musicista di grido?

Non c'è necessità di essere figlio di un celebre compositore per non essere in grado di mettere una nota sul pentagramma. Eppure, la cosa triste non sta nell'abilità, ma nella somiglianza.

Ecco, il padre è deceduto in un palazzo a Venezia e, mentre gli stranieri si recano a visitare la salma, al Lido sta facendo il bagno la spoglia terrena del caro estinto; e anche questo fatto rimane indimenticabile per i forestieri. Si ammira uno scherzo della natura, quando si dovrebbe condannarlo.

A che pro queste ingannevoli beffe?

Per turbare con le somiglianze, basta solamente una sagoma riprodotta in uno schermo: un'anziana pone la faccia in un buco e, seduta su una scranna nel giardino di una locanda, dice: "Adesso loro signori vedranno Wagner[27]. Prima, però mettete la monetina nel cappello...".

Oggi, in Europa si aggira qualche indegno portatore di nome famoso. Per ipocrisia, si è suo tempo trascurato di confinarlo nel Caucaso, nelle montagne di Dovre o nella Svizzera sassone, per cui ora siamo costretti a vedere quanto le conseguenze sessuali predominano sulla più nobile creatività degli uomini celebri. Quantomeno, li si costringa per legge ad adottare uno pseudonimo o un diverso taglio di barba e si guardi se poi sono ancora capaci di vivere. Il figlio di Goethe[28] non ha meritato in alcun modo di essere parte dell'opera omnia del padre. Se però uno ha un aspetto tale, che deve scrivere lo *Sternengebot* perché si ricacci in gola l'esclamazione: "Tutto suo padre!", si finisce per maledire

---

27 Nde. Richard Wagner (1813 – 1883) fu un compositore, librettista e direttore d'orchestra tedesco. Tra le sue opere si ricordano in particolare L'anello del Nibelungo in quattro parti, composto tra il 1851 e il 1883, Tristano e Isotta (1856-1859) e Parsifal (1865-1882).

28 Nde. Johann Wolfgang von Goethe (1749 – 1832) è stato uno scrittore, poeta e drammaturgo tedesco. Ebbe cinque figli si cui solo August (17891830), nato dalla sua relazione con Christiane Vulpius, sopravvisse.

l'eterna presa in giro della natura. Non c'è alcun dubbio: le somiglianze sono una sciagura. Sono nocive persino alla mania di grandezza tipica dei discendenti di padri celebri. Egli, infatti, sarà sempre persuaso di conservare anche in questo la propria autonomia.

Dal *Die Fackel*, 31 maggio 1910

LA COMETA A VIENNA

I residenti di Vienna e lo spazio infinito pare siano felicemente sopravvissuti a questo spettacolo. Se la cometa comporta dei rischi, non è certo per l'acido prussico della quale essa è impregnata, ma per l'eventualità neppure tanto remota che qualche deficiente, al suo avvicinarsi, si senta pervaso da uno stato d'animo cosmico.

Fortunatamente non si è giunti a tanto. Siamo stati omaggiati solo di un terribile aspetto del sentire cosmico: quello che, prima che sopraggiunga la fine, trova conforto nella scienza. Al cittadino evoluto non può accadere niente perché la *Neue Freie Presse* ha sposato le tesi dell'osservatorio economico e queste non vengono minimamente intaccate dalle opinioni espresse dal suddetto giornale, che si dichiara orgoglioso perché papa Callisto[29] si trovò costretto a emanare una bolla al passaggio della cometa, mentre oggi papa Benedetto[30] ottiene lo stesso risultato con un articolo stampato su carta di giornale in ultima pagina.

Oh, l'angoscia strisciante che nei secoli scorsi attendeva la fine del mondo era certo meno informata, ma più saggia della fiduciosa attesa che accompagna l'uscita dei quotidiani del mattino. Questa ciurmaglia attaccata con le unghie alle cose di questa terra rimarrà di stucco se un giorno la cometa deciderà di giocarci un brutto tiro e, nel frattempo, la stupidità avrà completato la sua

---

29 Nde. Callisto III (1378 – 1458), fu papa della Chiesa cattolica, dal 1455 alla morte. Su di lui circola la leggenda di una sua supposta bolla contro la cometa di Halley, emanata nel 1456, nella quale ordinò alla cristianità una serie di preghiere e digiuni propiziatori.

30 Nde. Papa Benedetto XIV, nato Prospero Lorenzo Lambertini (1675 – 1758), è stato vescovo di Roma e papa della Chiesa cattolica dal 17 agosto 1740 alla sua morte.

opera di distruzione del pianeta.

La serietà della cometa non sarebbe sconfortante quanto lo *humor* che ne deriverebbe. Perché se il mondo andasse in malora resterebbe lo Spirito, mentre se rimanesse tale e quale a come si trova, la stupidità non avrebbe rivali. Ne consegue che, spesso, un'innocua cometa peggiora il male perché rende filosofo ogni parrucchiere e umorista ogni redattore di giornale. Niente risulta più semplice che fare dello spirito su un fenomeno celeste, perché quanto più l'umanità è miserabile, tanto più grande – per contrasto essa appare in cielo, ammesso che appaia. Eppure, anche se le stelle non mentono, non è certo che gli astronomi dicano la verità: è dimostrato che essi della cometa capiscono meno dei locandieri del Prater, i quali, in attesa che quella compaia, certi dell'avvenimento se la sono cavata assai meglio di loro. Infatti, fin quando, a generale richiesta, nel cielo fu visibile quella striscia di foschia, essi hanno dimostrato l'esistenza della cometa con il fatto che si fosse resa invisibile ed il suo passaggio con la constatazione che a nessuno si era mostrata. Dichiararono che giusto tutto quello che non si era visto era la cometa; e adesso noi possiamo solo prestare fede alla loro parola d'onore, vale a dire credere che ciò che sta in cielo celato sia la cometa perché non c'è motivo di dubitare di gente tanto giudiziosa.

La religione si preoccupa anche dei sensi, ma cosa è in confronto a una scienza che ci offre pieno un cielo spoglio? Esso ci ha protetti dall'insidia derivante dall'ossido di cianuro, ma, ciò nonostante, i viennesi non gli perdonano il mancato spettacolo. La cometa non è pericolosa, ma il fatto che per tutto il tempo del suo passaggio non si sia ravvisato alcunché di sospetto distrugge il credito di cui gode la scienza e incrina la convinzione che le comete stesse esistano.

Ora, certo non ci può permettere di muovere una qualche critica all'astronomia, della quale non v'è dubbio che sia una scienza esatta e tuttavia è innegabile che, nel caso, essa si sia fortemente compromessa, mostrandosi disposta a richiamare più volentieri della cometa stessa una plebaglia progressista. Si è intrattenuta giornalmente con i gazzettieri dell'illuminismo ponendosi in questo modo a un livello al quale solitamente si portano solo i rappresentanti di un'altra scienza, quelli che, in cerca di dubbi onori, azzardano diagnosi a distanza per pazienti celebri su richiesta dei redattori notturni. Certo, non si può negare che gli astronomi abbiano rasserenato una popolazione avvezza fino a ieri ad alzare gli occhi solo fino ai tetti, mentre adesso si contano ingorghi stradali dovuti a gente che, naso all'insù, indugia a lungo nella contemplazione del firmamento. Allo stesso tempo, però, hanno deluso il popolo e trasformato l'illuministico, di cui si erano detti celeri rappresentanti e che propinavano due volte al giorno, in nichilismo di bassa lega. Alla lettura di questa frase trascritta nell'articolo di cronaca inerente la cometa, presi dalla vergogna, dovrebbero quantomeno sigillare l'osservatorio astronomico: "Ad un tavolo viene letto l'articolo del consigliere Weiss[31], comparso oggi nell'edizione serale del *Neue Freie Presse*. Il punto, dove si assicura nella sera a venire una vista sicura del fenomeno astronomico, riscuote tra il pubblico un generale consenso".

Halley[32] non ne ha tenuto conto, gli è bastato dipingere la cometa per dare vita allo spettacolo. Ma i nostri agenti teatrali sono interessati solo a far accorrere il pubblico e, quando questo ha preso a rumoreggiare come i ragazzi seduti nel loggione di un teatro italiano da quattro soldi, si sono presentati sul palcoscenico ad annunciare che vi erano stati impedimenti un velo di nuvole, il cambio dei costumi, malessere insomma a trincerarsi dietro tutte quelle scuse che gli impresari agitati hanno nel loro repertorio, quando un'attricetta capricciosa li espone a brutte figure.

"Dopo il tramonto a ovest il cielo era coperto di nubi. E non è detto che la cometa non passi domani sui cieli di Vienna, visto che è sabato. Portate pazienza, attendete ancora un giorno brava

---

31 Nde. Edmund Weiss (1837 – 1917) fu un astronomo austriaco. Nel 1878 fu nominato direttore dell'Osservatorio di Vienna. Nel 1892 pubblicò l'atlante astronomico in lingua tedesca Atlas der Sternwelt. A lui fu dedicato un cratere sulla Luna.

32 Nde. Edmond Halley (1656 – 1742) fu un astronomo, matematico, fisico, climatologo, geofisico e meteorologo inglese. Nel 1705 pubblicò Synopsis Astronomia Cometicae, nel quale espose il suo convincimento che gli avvistamenti cometari del 1456, 1531 1607 e 1682 erano relativi alla stessa cometa, di cui predisse il ritorno nel 1758. Quando ciò effettivamente accadde, essa divenne nota come la Cometa di Halley.

gente! Vedrete che la cometa di Halley si mostrerà in tutta la sua magnificenza!"

Parole sante, ma della cometa non vi fu traccia, né il sabato, né nei giorni a seguire. E tuttavia, sollevare a certe altezze la nebbiolina che è stata un pretesto per salvare la faccia è cosa indegna per un astronomo, se non è interessato a prendere il posto di quell'impresario morto di recente suicida a Vienna a causa dell'amore infelice per una stella di seconda grandezza. È veramente tragico che la cometa sia sfuggita a quegli stimabili studiosi lungo il tragitto tra il Sole e la Terra; se non si fossero vantati tanto apertamente della puntualità degli eventi cosmici, nessuno avrebbe rinfacciato loro un disordine spaziale di cui hanno ben poca responsabilità. Anche la *Sudbahn* è stata biasimata solo perché si è mostrata tanto sconsiderata da pubblicare l'orario dei treni.

In questo modo è accaduto che, non solo il mondo in generale non è andato a rotoli, ma in particolare, neppure le trattorie al Kahlemberg[33] ne hanno sofferto. Vienna deve segnalare un avvenimento gastronomico. Fosse stata prevista la fine del mondo, ne avrebbero tratto giovamento per lo più i fiaccherai, perché si sarebbero sentiti autorizzati ad applicare una tariffa speciale per l'occasione: "Ma vossignoria, in un giorno come questo, è lecito il sovrapprezzo!"

Così, invece, tutto rimane come prima.

Il viennese, sfuggito allo sguardo da basilisco dell'eternità, si rifugia nuovamente dal portinaio. La chiusura del portone alle dieci di sera è ancora sopportabile in questo piccolo mondo.

Dal Die Fackel del 31 maggio 1910

---

33 Nde. Il Kahlemberg si trova nella regione del Wienerwald ed è una delle mete predilette dai viennesi per una gita fuori porta.

LA PELLICCIA DI CASTORO

La mia esistenza viennese va progressivamente arricchendosi, ha avuto fine l'eterno puntellarsi alle pareti della vita per scongiurare che, sul marciapiede, un imbecille mi rivolga la parola e ogni giorno porta novità. In tutti questi anni, niente compagnia, niente teatro, niente corso dei fiori, come si può sopravvivere in questo modo? Venendo a mancare il contributo di impressioni importanti, quanto può durare la riserva di provvista interiore? D'altra parte, dopo le catastrofi della stagione, la cometa e la mostra sulla caccia, sembrava non potesse esserci nient'altro. Ovviamente, è innegabile che mi attenda di ricavare qualche forte emozione dalla fine del mondo. Ma se anche questa alla fine risultasse una burla?

Così, si continua a esistere, trascinandosi lungo quell'esile sentiero che conduce dal perennemente uguale all'eternamente identico, dove si consumano i medesimi pasti e ci si guarda sempre dalle stesse persone.

Non vi è certo da rallegrarsi di una vita del genere. Il mondo intorno a noi è variopinto e si gradirebbe strofinarcisi un po' per accertarsi se stinge. Se si devono sopportare tante rinunce, bisogna quantomeno sapere quanto poco si è perduto. Accomodarci almeno una volta a una tavola affollata, sentire echeggiare i rutti dettati dalla gioia di vivere, stringere la mano sudata dell'amore per il prossimo; io le sognavo queste cose e una fata benevola, probabilmente quella che esegue la ninna nanna vicino alla culla dei compositori di operette, mi ha accontentato.

Sono rientrato nel giro che conta – nuovamente appartengo al gran mondo mi è stata rubata la pelliccia.

Nessuna cosa mi avrebbe potuto maggiormente avvicinare agli uomini, quanto l'aver subito il furto della mia pelliccia. Adesso, dovrei faticare come un Caracalla[34] se volessi svincolarmi da ogni legame con loro. Non c'è possibilità di tornare a rifugiarsi nell'ascesi, è necessario fare di necessità virtù e rendersi amico dell'umanità! Nonostante mi sia reso per lungo tempo inviso, tutto adesso mi è stato perdonato. Mi si comprende, mi si ama, mi si compiange, mi si ammira – non c'è verso di tenere nascosto il fatto e a niente serve mentire – mi è stata indebitamente sottratta la pelliccia!

È bastata una disattenzione a rendermi preda del consorzio umano. Vivevo tranquillo, da anni svolgevo la mia attività letteraria come potrebbe fare un qualsiasi privato cittadino. Ignoravo di essere in primo luogo il proprietario di una pelliccia. Scrivevo libri, ma la gente pareva interessarsi unicamente alla pelliccia. Ero pronto a sacrificare tutto me stesso, ma quella stupida pelliccia era più importante. Con la sua scomparsa, ebbi attestati di riconoscenza da tutti. Con la perdita di quella pelliccia, ho giustificato pubblicamente i motivi che mi avevano spinto all'acquisto.

Al caffè – dove ebbe a verificarsi il disastro – la prima conseguenza del furto appena scoperto fu una grande confusione, grazie alla quale alcuni avventori distratti si dimenticarono di pagare le consumazioni e nella quale io mi trovai all'improvviso coinvolto, tanto che faticai persino a comprendere che non potevo essere stato io a far man bassa del *prezioso* indumento. La gente si comportò come se volesse strapparmi di dosso le vesti e da ogni lato mi giunsero rimproveri per la mia ingiustificata distrazione. In questo modo, parve acquietarsi l'indignazione verso il ladro che, nel frattempo, si era sottratto al castigo della sua colpa: avevano me, tenevano ben stretto me e quando io, stremato dalle indagini che il caso richiedeva, mi appoggiai a un tavolo, con lo stato d'animo giusto per dedicarmi finalmente alla lettura di un

---

34 Nde. Caracalla, soprannome di Lucio Settimio Bassiano (186-217), fu imperatore romano dal 211 alla sua morte. A lui si devono i lavori delle terme di Caracalla, terminate nel 217

giornale, un coro di voci umane mi travolse con esclamazioni del tipo: "Come è potuta accadere una cosa del genere?"

Avvertii tutto questo come un rimprovero mosso nei miei confronti. Tardivamente, realizzai che, quando si possiede una pelliccia, si hanno dei doveri verso il mondo, per cui non mi restava altro da fare che assolvere all'estremo compito richiesto a chi una pelliccia non ce l'ha più. Vale a dire la responsabilità di rendersi disponibile a rispondere a ogni interrogazione. Infatti, se in casi simili non è più possibile appurare dove sia andata a finire la pelliccia, bisogna perlomeno informare i presenti e i tutori dell'ordine di come se ne era venuti in possesso, quanto è stata pagata, qual è il suo valore sul mercato attuale, se il collo ha il pelo lungo o rasato, se l'abbottonatura è di pelle o di panno. La polizia, inoltre, esige di sapere se si hanno dei sospetti, se vi sono persone da cui siamo malvisti; un sospetto aiuta quando non si ha più una pelliccia e un sospetto che si nutre, secondo gli inquirenti, è pur sempre un indizio sufficiente per una certezza andata persa, che mai si potrà riavere.

Perché questa intrusione nella sfera privata di un'istituzione statale? Ho sempre pensato che la polizia dovesse occuparsi della morale pubblica e non di faccende personali come il furto di una pelliccia. Per non parlare della curiosità!

L'oggetto mi era appena stato rubato che irruppero nel locale tre rappresentanti della legalità, i quali si fecero strada a fatica tra la combriccola assiepata presso il mio tavolo, esprimendo a gran voce la propria indignazione per il furto e chiedendomi se avessi individuato chi poteva essersene appropriato. Al che anche il vicino di tavolo iniziò ad agitarsi, perché in città, rapida come un incendio, la notizia si era diffusa e molti passanti – tra questi si ravvisarono anche delle personalità note per la loro assidua frequentazione a prime e cataclismi presenziarono all'inchiesta.

Se il furto era stato commesso con destrezza e sobrietà, la commiserazione del pubblico si mostrò volgare e chiassosa. Infatti, mentre i ladri di pellicce non ci tengono a suscitare scalpore, gli scassinatori di istituti bancari apprezzano particolarmente che gli sia dato il giusto risalto sui giornali. Nel caso in questione, però, avevano fatto male i loro conti, perché i giornali eviterebbero accuratamente di dare notizia persino di una cometa che andasse a sfiorare la mia capoccia, Per la stessa ragione, nutrivo il timore che l'agente responsabile delle indagine non prendesse troppo a cuore la faccenda, come invece avviene quando l'interesse della stampa lo spinge a un'attività febbrile. Ovviamente, un vero interessamento non viene influenzato da certe questioni di scarsa rilevanza.

Mentre gli agenti si informavano sulla mia età, professione e precedenti penali, alcuni clienti seguitavano a mostrarsi dispiaciuti per non aver gettato un occhio sulla pelliccia mentre veniva rubata e si dicevano persuasi che il malfattore avesse atteso pazientemente l'istante in cui supponeva di non essere notato. Il personale in servizio venne subissato di domande, ma il capo cameriere, un inserviente e l'addetto alle stufe avevano un solo desiderio, che esprimevano così: "Se mi capita tra le mani un soggetto del genere, lo faccio a pezzi!"

Li scongiurai di trascendere, perlomeno in presenza della legalità, poi rivolsi agli inquirenti la preghiera di non essere chiamato a ulteriori deposizioni, dato che l'unica cosa di cui ero a conoscenza era di non avere più la mia pelliccia. Quindi, per sottrarmi alle ovazioni della folla, afferrato il cappello, mi diressi verso l'uscita passando davanti alla cassiera che si stava torcendo le mani. Fuori, venni salutato da fiaccherai speranzosi che l'accadimento potesse, in qualche modo, tornare a loro vantaggio. Tuttavia, un poliziotto mi raggiunse, proponendomi di seguirlo per visionare la collezione di recidivi. Declinai l'invito, assicurandogli che non ero in grado di sostenere alcun confronto fin quando non mi veniva data la possibilità di vedere il ladro del mio bene. La polizia avrebbe dovuto condurlo sul luogo del crimine e, dopo, io sarei stato ben lieto di riconoscerlo da una fotografia. Allora uno dei camerieri dichiarò di avere dei sospetti e si disse disponibile a recarsi alla stazione di polizia. Questa ricerca non ha dato frutti per me, anche se alcuni risultati positivi furono raggiunti. Pare, infatti che il cameriere avesse riconosciuto tra le segnaletiche alcuni vecchi clienti del caffè e che in un ufficio di polizia mai abbia regnato una tale armonia. Alla fine, visto che le esclamazioni del tipo: "Gran Dio, ma questo è il signor Kohn! E questo il signor Meier!", parevano non avere fine, al bravo giovane si dovette strappare di mano l'album fotografico.

Il giorno seguente, mi giunse una convocazione dagli inquirenti che coscientemente ignorai. Fino ad allora, ero sempre riuscito a non farmi derubare perché volevo evitare seccature con la polizia. Non c'era niente a mio carico, perché dunque ero tenuto a sottopormi a un'indagine tanto penosa?

Così non mi presentai alla stazione di polizia. O, perlomeno, ero deciso a non farlo fino a quando la pelliccia non fosse stata ritrovata. Inoltre, era mia viva speranza che il suo ritrovamento mettesse a tacere il fatto e mi fosse consentito far ritorno alle mie abituali occupazioni. Quando, però, feci il mio ingresso al caffè e mi portai verso il consueto angolo di lettura, vi trovai dei signori, che generalmente si interessavano solo di corse di cavalli, intenti a scommettere sul ritrovamento della pelliccia di mia appartenenza. Quelli che pensavano non sarebbe più stata rinvenuta esclamavano a gran voce: "Eccome, se la riavrà!"

Così, mi trovai nella condizione di distinguere le due fazioni, senza però riuscire a parteggiare per l'una o per l'altra. Mi sedetti e dalla sala biliardo mi giunsero delle voci: "È vero castoro ti dico!"

Io risposi: "Sbagliato, è martora!"

E un altro: "È persiano, ne sono certo!"

Chiesi se disturbavo se mi mettevo lì a leggere il giornale. Risposero di no e passarono a un argomento completamente diverso, perché uno di quelli diceva di ricordare ancora quanto capitato al vecchio Low, al quale era stata rubata una pelliccia stimata mille fiorini!

E quando qualcuno chiese: "Chi è Low?", ricevendo in replica, "Quello che a seguito di quel fattaccio fu costretto a chiudere bottega", compresi che l'attenzione era stata distolta dalla mia persona e me ne compiacqui.

Poi, presi in mano il giornale che da anni riesce a catturare l'interesse dei lettori perché non mi menziona mai, dove cercai di scovare un articolo che trattasse di un furto di pelliccia subito da un privato cittadino e dell'opportunità concessa a un abile cronista di poter intervistare il ladro, un individuo universalmente noto. La mia ricerca venne interrotta da una signora a me ignota che, dopo avermi rimproverato per la disattenzione, mi chiese se ancora frequentavo la famiglia. Le risposi che non frequentavo nessuno e, svelto, pagai la consumazione.

Fuori, i vetturini fecero a gara a salutarmi, gridandomi dietro qualcosa del tipo: "Stia bene attento ora a non prendersi un bel raffreddore!"

E non è tutto. Ancora non ho raccontato come, il giorno dopo quel crimine, si svolse il mio incontro con la donna delle pulizie. Perché la colpa di quanto accaduto era sua. Infatti, pur essendo maggio inoltrato, c'era stata una nevicata e lei mi aveva persuaso a uscire con indosso quella pelliccia, che durante l'intero inverno avevo lasciato in custodia al pellicciaio. Avevo tentato di oppormi, perché avevo il presentimento che, già ai primi spruzzi di neve, i ladri di pellicce arrivassero da ogni parte, mentre gli spalatori restavano inattivi, visto che l'amministrazione comunale fa affidamento prevalentemente sul disgelo. Sebbene questo fosse già in atto, la donna l'ebbe vinta e, guarda caso, mezz'ora dopo della pelliccia non c'era più traccia. Ora, visto che niente mi è più inviso di lunghe discussioni che hanno come tema principale la casa, dopo l'accaduto, la mia più grande preoccupazione era di renderlo noto alla donna delle pulizie.

La cosa scatenò un putiferio e io dovetti sentirne di tutti i colori. Il cuore femminile infatti si attacca alle vanità terrene, per cui le donne si separano con difficoltà anche dalle cose degli altri, mentre, per quanto mi riguardava, avvertii viva soddisfazione quando, sopraggiunta la bella stagione, mi fu possibile avventurarmi in strada senza pelliccia. In definitiva, la sua scomparsa mi aveva lasciato indifferente, mentre mi urtava alquanto l'essere privato della mia tranquillità.

Che io mi trovassi esposto all'attenzione di tutti, che dal niente fossi divenuto celebre in tutta Vienna, che la gente mi additasse dicendo: "Guarda, è lui!", mi indisponeva.

Così, decisi di evitare la strada fin quando la cosa non fosse stata dimenticata.

E tuttavia quando, trascorsa una settimana buona, mi azzardai a presentarmi nel solito caffè entrando dall'accesso secondario la custode della toilette mi si fece incontro, dicendo: "Neppure immagina come sono dispiaciuta!"

Quando poi entrai nella sala, tutte le facce si volsero verso di me e si soffermarono sul mio soprabito.

Allorché, poi, mi risolsi a lasciarlo all'appendiabiti, una voce dall'angolo così si espresse: "È meglio che siate prudente!"

E un altro: "Subìto il danno, si apprende la lezione". Quindi un cameriere: "Il signore è sempre stato accorto".

E dalla sala biliardo: "Il gatto che ha riportato ustioni, teme anche l'acqua fredda".

Nuovamente il cameriere: "Se solo mi capitasse tra le mani quel..."

Pagai, riproponendomi di tornare in quel locale in orario notturno, quando avrei trovato una clientela diversa. E tuttavia, non appena venni a trovarmi tra differenti avventori, un allenatore di cavalli inglese si volse verso di me e, girata la sedia, disse, appoggiandosi allo schienale: "Una volta mi è stata rubata una coperta di cavallo..."

Ebbi la consapevolezza che la mia disavventura, superato di gran lunga il bisogno di commiserazione del cittadino viennese, avesse valicato i confini di stato. Temendo seriamente che si venisse a registrare un maggiore flusso di turisti, mi chiusi in casa, deciso a non mettere il naso in strada fino a quando l'eccessiva afa non avesse allontanato ogni associazione di idee con la pelliccia. Cambiai locale, ma il proprietario mi accolse così: "Stia tranquillo, da noi non le accadrà niente di brutto".

Non era più possibile riavvolgere il filo. Ci si trovava di fronte a un problema tipicamente viennese, a un fatto talmente ricco di attrattive, che nessun riguardo verso la persona interessata poteva frenare la gente. Dalla scoperta, a dir poco sorprendente nella sua semplicità, era nata una sorta di solidarietà collettiva. E io ero stato accolto nella cerchia di una comunità che, oltre a sorvegliare sulla mia pelliccia rubata, pareva prendermi le misure per acquistarne una nuova. Invidiavo il ladro. Non perché si trovasse in possesso della pelliccia, ma perché era riuscito a farla franca e nessuno a lui gridava dietro: "Eccolo!"

Mentre, per quanto mi riguardava, ero accompagnato dalla stupidità come un derubato colto in flagrante... così, decisi di ritirarmi a vita privata e scrivere un nuovo libro sperando che almeno quello riuscisse a farmi dimenticare.

Dal *Die Fackel* del 20 luglio 1910

IL TONO

Non esiste che un solo tono e l'attinenza di un giornale al mondo deve essere sancita riga per riga e in ogni momento. Il giornale si esprime alla stessa maniera in cui lo fa il mondo, perché questo usa il suo stesso linguaggio. Per cui il giornale parla anche come la famiglia, perché il mondo parla come quella ed essa si esprime nei medesimi termini in cui lo fa il mondo. Esiste un solo tono ed è quello della gente in ansia perché nessuno mai si preoccupa di lei e vi è un solo punto di vista da cui considerare gli accadimenti, che si può riassumere così: "Sst!" o, qualora si tratti di avvenimenti di una certa rilevanza "Tt!"

La stampa in genere altro non è che un audace tentativo di descrivere eventi che è possibile ricondurre e liquidare con un misero suono.

Se una partoriente uccide il bambino appena dato alla luce, dimostrando in questo più umanità che non allevandolo per farne un venditore di giornali della Josefstadt o il redattore di un articolo sul preservativo *Parsifal* entrambi delitti che accadono assai di frequente in un mondo retto da un simile ordinamento -, il tono in cui la notizia viene diffusa è il seguente: "Madre getta il proprio figlio nel Danubio".

In verità, non ricordo quante volte sia accaduto che una donna abbia gettato nel fiume un bambino non suo perché sono estremamente rare coloro disposte a sottrarre creature estranee alle infamie del mondo, a prezzo della propria vita. Il tono dovrebbe considerare questa azione con maggiore gravità, ma è talmente ancorato al senso della famiglia che, anche dal punto di osservazione dell'opinione corrente, si ritiene più atroce l'eliminazione del proprio figlio che non di quello altrui.

Perciò, recita, scuotendo il capo indignato: "Sst! Getta nel Danubio il suo bambino!"

E se, in un breve lasso di tempo, accade che un'altra giovane si macchi del medesimo crimine, il tono trova il titolo: "Avvelena il proprio bambino!"

Il tono, sapendo che è assai peggio essere di danno a se stessi che non al prossimo, all'occorrenza ha sempre pronta la formula: "Trascura i propri affari!"

Se due ragazze si sono suicidate, il tono, in accordo con la famiglia delle due – anche se vi sono famiglie che la pensano diversamente, riporta: "H**** era la figlia di una lavandaia madre di altri cinque figli, rimasta vedova. A***** ha sei fratelli ed è figlia di un impiegato delle ferrovie. Entrambe le giovani attraversavano un periodo di chiara sofferenza psicologica".

A***** infatti aveva manifestato l'intenzione di dedicarsi al teatro, mentre H***** frequentava un coetaneo.

"Quando si venne a saperlo, questa relazione le venne proibita".

I genitori del ragazzo avevano minacciato addirittura di denunciare la cosa alla scuola secondaria che H***** frequentava e questo aveva spinto la ragazza a darsi la morte.

Qui sì che è stata uccisa una creatura di altri, ma il tono si guarda bene dal deplorare il comportamento tenuto da alcuni dei protagonisti della vicenda. A compensazione, si nomina volentieri il medico del pronto soccorso.

Il tono, che non lesina un coinvolgimento emotivo per tragedie derivanti da affari andati male, annota con piacere quanto uno ha guadagnato, con maggior compiacimento quanto uno ha perso ed è addirittura felice nel venire a conoscenza di quanto uno ha perduto in un guadagno mancato. Tutte le sue rubriche agiscono in questo senso e, per assolvere a questa precisa direttiva, si avvale di corrispondenti in ogni città. Fa sapere da Parigi:

"Rochefort[35], amareggiato, ha ceduto il passo. Negli ultimi tempi ha accusato perdite dolorose: molti pezzi in suo possesso, preziose opere d'arte da lui acquistate per poche centinaia di franchi e poi rivendute per tre-quattromila cadauna, sono stati battuti all'asta Doucet a cifre che hanno raggiunto anche il mezzo milione di franchi".

Questo è valso a procurargli non solo un disagio economico, ma anche emotivo, suggerisce il tono perché egli è partecipe a lagnanze di ogni genere. Com'è naturale, si occupa di tutti i reclami che riguardano le ferrovie, i tram e via dicendo. Generalmente, si mostra indifferente quando un disagio è accusato da qualcuno che protesta o da un parente prossimo a quello. Il tono, invece, in una circostanza del genere è interessato ad avere notizia dei familiari di chi muove rimostranze: vuole sapere se quegli è felicemente sposato, se possiede una bella casa, se conduce una vita dignitosa, nonostante il disagio patito a causa delle ferrovie o del trasporto tranviario: "Poco tempo fa mia moglie nella Operngasse...", dice il tono. E, mostrando particolare simpatia per le cognate: "Qualche tempo fa mia cognata con suo zio voleva..." e roba del genere.

Il tono reputa inopportuno partecipare a una lamentela che non tocca in prima persona. Ma, dato che una famiglia, seppure estranea, gli è cara come la propria, il tono si tinge di indignazione, specialmente quando le può comprendere tutte, vale a dire quando la faccenda coinvolge la famiglia dei popoli. Inizia a interessarsene verso la metà di agosto e continua fino alla metà di ottobre, senza neppure patire un abbassamento di voce in quel suo assicurarci che i rappresentanti di quelle, come avviene ogni anno nella sala dignitosamente decorata con fiori, si sono riunite, nello splendore dei lampadari e, dopo un eccellente souper, si sono recate in un'atmosfera sobria nelle sale adiacenti, dove si tratteneva un compagnia scelta e ristretta. Il tono è ospitale e opera in modo che ognuno, ovunque e sempre, si senta come a casa propria. In ogni caso, sovente – e di questo non c'è da meravigliar-

---

35 Nde. Il Marchese Victor Henri de Rochefort (1830 – 1913) fu un giornalista e uomo politico, editore del foglio satirico La lanterne.

si, con tanti ospiti – il tono confonde l'entusiasmo con la protesta diffondendo notizie come queste e simili.

"La mattina seguente, ventiquattro salve di cannone, partite dalla vicina fortificazione, svegliarono i numerosi ospiti dell'albergo... E anche quattro scariche di fucileria vennero esplose un po' ovunque e la loro eco venne avvertita in molte valli... Poi, da tutte le bocche, si levò alto l'inno nazionale".

Se una festa da ballo non avesse concluso la serata, si sarebbe potuto interpretare il tono di scontento, addirittura anti-patriottico, indisponente per i disagi arrecati alla stagione estiva, che ne era uscita pregiudicata.

In estate, le mosche abbondano e quelle ovunque si sentono come a casa propria. Ma questo è inutile dirglielo. Dispongono di giornali per mezzo dei quali comunicano tra loro, per dire dove si trovano e che si sentono a proprio agio e in piena comodità. Perché il tono è il solo mezzo di comunicazione consono allemosche. Il ronzio è ravvisabile in ogni luogo.

Se il tono, cosa che gradisce particolarmente, arriva fino a Saint Moritz "è meravigliato di trovare nei curati alberghi del luogo, circondato da alture boscose, le stesse facce alle quali, poco tempo addietro, la ninfa di Karlsbad[36] aveva dato la rorida bevanda di gioventù. Era veramente incredibile la quantità di persone note che...".

Purtroppo, non sono diminuite di peso, né di numero.

Il tono si sofferma poi "sull'esodo estivo della buona società", spingendosi lontano fino al Deuteronomio[37] esclamando: "A Biarritz l'eleganza è di casa!"

---

36 Nde. Karlsbad (in ceco Karlovy Vary) è una città della Repubblica Ceca, fondata il 14 agosto 1370, dall'imperatore Carlo IV di Lussemburgo che, imbattutosi nelle numerose sorgenti termali della zona, ne aveva apprezzato le qualità. La leggenda narra di un cervo che fu scottato da un getto di acqua bollente scaturito d'improvviso dal suolo mentre fuggiva inseguito dai cani da caccia dell'imperatore. A partire dal 1762, e in particolare nei decenni a cavallo tra Ottocento e Novecento, la località si affermò come uno dei più importanti centri termali d'Europa.

37 37 Nde. Il Deuteronomio, quinto libro del Pentateuco, contiene una serie di discorsi pronunciati da Mosè. Il libro esorta Israele a essere fedele a Geova e addita la generazione che vagò per 40 anni nel deserto come un esempio da non imitare.

Pare dunque che il tono scelga solo una marca di qualità, ma, se così è, la grida quasi si trattasse della terra promessa. Ma se il tono si sdilinquisce per una località sarà Ischl? – ovviamente, ma soprattutto Edlach[38]. Innanzitutto perché vi si trova un sanatorio che offre tariffe scontate, secondariamente perché ci si sente come a casa e, in terzo luogo, perché vi soggiorna anche l'erede al trono della Turchia Yussuf Izzeddin[39], che lì viene curato dai medici della casa imperiale.

La questione turca che il tono non ignora come verte? Il paziente di Edlach è sufficiente a chiarire ogni cosa. I luoghi di cura necessitano sempre di un *kedivé* o di qualcosa di comparabile a quello, per cui le nevrosi si diffondono con estrema facilità tra i turchi ricchi. È impensabile trovare una clinica che non abbia tra i suoi assistiti un Achmed. Perché solo così si può vivere con serenità e l'andamento generale e il tono coincidono tra loro. Cosa ne ricava una clinica, se vi si fa ricoverare, appena giunta dal Cairo, un'intera famiglia di mammonidi bisognosa di cure! Bisogna tenere una rubrica aggiornata e questo si può fare solamente a Marienbad[40] o a Edlach. La depressione di un erede al trono vale più di cento paralisi alla settimana.

Come è immaginabile, il tono si preoccupa di impostare anche il bollettino medico ufficiale, che reca sempre notizie molto confortanti: per esempio, la notizia che il paziente segue scrupolosamente la cura da lui prescritta e si dedica a corroboranti passeggiate quotidiane. E, per rafforzare la dichiarazione, ad alimentarne la veridicità interviene anche un amico della testata giornalistica che si trova casualmente a Edlach, il quale testimonia che il dottor Konried ha a lungo lottato, ma invano, per far perdere al principe l'abitudine a restare desto fino a notte tarda.

---

38 Nde. Edlach sul Rax è un villaggio posto alle falde della catena montuosa Rax vicino alle rive del fiume Schwarza.

39 Nde. Il principe Yusuf Izzeddin (1857 – 1916), figlio del sultano Abdul Aziz, che regnò dal 1881 al 1976, fu erede al trono solo dopo la destituzione del cugino, il sultano Abdul Hamid II, nel 1909. Morì apparentemente suicida nel 1916.

40 Nde. Mariánské Lázne (in tedesco Marienbad) è una città della Repubblica Ceca, che sorge nella già citata regione di Karlovy Vary, a ridosso del confine con la Germania. Si tratta di una storica località termale.

Inizialmente, l'umore del principe non era dei migliori. Lo si avvertiva anche nel tono che era divenuto bisbetico e il tono faceva pari con lui Tuttavia, lasciava trapelare che, nel profondo, confidava in un miglioramento delle condizioni del principe. È cosa risaputa che, quando il paziente si mostra da subito insofferente e vorrebbe andarsene, il responsabile della clinica conforta i suoi subalterni con queste parole: "Tranquilli, vedrete che si calmerà".

E infatti, così regolarmente avviene. E il paziente in poco tempo appare rasserenato. Ora di giorno in giorno progredisce, ha un aspetto salutare, mangia con appetito, si diverte e, come è immaginabile, ha in progetto di prolungare il suo soggiorno in clinica, nonostante i suoi malesseri siamo oramai un lontano ricordo.

Non vuole più saperne di andarsene. Non può. Il benessere influisce sul suo umore e questo gli deriva dalle passeggiate quotidiane, come sottolinea il tono. La direzione dell'albergo fa del suo meglio per distrarlo e farlo sentire a suo agio. Il principe si è completamente ambientato e l'aria sopraffina che si respira nella località contribuisce a farlo stare bene e in pace con se stesso. Alle otto fa il bagno. Allo scopo, viene portata nella sua camera una tinozza e il personale di servizio si fa carico di procedere ai lavacri e alle frizioni raccomandate. Il tono manifesta invidia per questo personale di servizio. Poi, non è difficile da supporre, il principe si siede per fare colazione, che consiste in...

Trascorsi alcuni minuti, si presenta l'eunuco incaricato di prendersi cura della sua persona che lo aiuta a fare la toeletta. Non ci sono parole per dire quanto il tono dell'eunuco sia invidioso. Nessuno, tranne il Rax Schneeberg[41] può osservare le finestre dell'albergo e il tono mostra invidia anche per esso. Alle dodici e trenta in punto, c'è il pranzo che consiste in...

Naturalmente è il medico, in quanto autorità suprema, a decidere il menù. Perché si sa, in questi casi, il regime alimentare seguito è determinante. Si dice che il principe sia una buona forchetta. Ma qui è necessario seguire le regole dettate dal medico. Qualche variazione all'alimentazione, come era prevedibile, si è resa necessaria, ma piatti di una certa attrattiva sono sempre pre-

---

41 Nde. Si tratta di un massiccio montuoso nelle Alpi Settentrionali della Stiria.

senti, infatti spesso nel menù fa bella mostra di sé il riso pilaf alla turca. Sono bravo? Pare chiedere il medico della casa imperiale, con il tono di chi sottintende: cosa ne ricavo se non qualcosa di tradizionale importato dal paese di origine del principe di cui andare fieri? Il tono poi diviene appassionato: sua altezza usa veramente un bicchiere dorato? Macché dorato, è d'oro massiccio! Questo è il solo vezzo, asserisce in tono quasi malizioso, che riporti allo sfarzo orientale; per il resto l'ospite è una persona di una semplicità disarmante. Il tono testimonia orgoglio virile di fronte ai regnanti; è bravo, pare sottintendere, quasi si trattasse di un bambino, anche se talvolta si chiude un occhio su qualche stravaganza.

Quali? A Edlach, spesso, il principe lo si trova alzato per una tazza di caffè all'orientale quando dovrebbe già essere a riposare. Quindi, viene il sonnellino pomeridiano e, dopo, accade una cosa di una certa rilevanza che... di cosa si tratta? – il tono è distinto nel raccontarla. Si tratta delle impellenze fisiologiche assolte nel bagno. Poi, da non dimenticare, è la cena che consiste in...

Il paziente, che come è risaputo soggiorna a Edlach, con i suoi modi garbati e modesti si è già conquistato le simpatie di tutti coloro che hanno avuto la fortuna di incontrarlo. Questo non significa che gli sia permesso di fare molta vita pubblica, inizialmente forse, ma adesso è domato. Se si trattasse di un principe ereditario, si potrebbe dire che ormai mangia dalla mano. Non si occupa di questioni politiche e questo è salutare. I giovani del suo seguito, maggiormente intraprendenti, si mescolano tra la popolazione locale e tutti si dichiarano entusiasti del loro modo di fare. Del modo di fare dei turchi? No, sono stranieri che appartengono al regno del Padiscià[42]. Si raggiunge un accordo: il principe e il suo seguito, pazienti, dottori, popolazione indigena e via dicendo, i rappresentanti della stampa: "Io sono lo scià".

E il coro legittima e risponde: "Lui è lo scià".

---

42 Nde. Il Padiscià è un titolo reale che divenne la denominazione ufficiale dei sultani ottomani. La parola Padishah è mutata successivamente nella parola turca Pascià, titolo onorifico preposto al nome proprio attribuito ai figli maggiori del sultano di Istanbul e ai funzionari ottomani di grado elevato.

Il tono potrebbe aggiungere che il principe, al quale è consentita una passeggiata quotidiana ma di breve durata, non gradisce affatto di fare del moto e che al dottor Konried è costata molta fatica convincerlo di quanto sia salutare dedicarsi quotidianamente a una seppure lieve attività fisica.

L'amico del giornale, che è anche appassionato di sport, ha detto che il principe non soggiornerà mai più in Svizzera perché lui ama Edlach, considera Vienna la più bella città europea e i suoi abitanti di una gentilezza incomparabile.

Finale: "Io sono il principe Yossuf Izzeddin e voglio stare a Vienna, la città che amo più di ogni altra".

Coro dei turchi: "Sì a Vienna, non in altro luogo, vuole stare". Controcanto dei viennesi: "La cosa più saggia, visto che si tratta di un forestiero, è togliergli anche la camicia".

Pare che al mondo non vi sia nessuno più gentile del popolo austriaco. Chi ha detto questo era "un giovane alto, dalla folta barba scura e gli occhi dal taglio orientale".

Per cui, l'amico del giornale erroneamente credette trattarsi di Nesib Bey, ma c'era nebbia e questo rendeva difficile l'identificazione.

Nel frattempo, l'erede al trono turco si è completamente ristabilito. Ma non si può trascendere sull'immagine di quando venne portato fuori, sul periodo di ansia precedente a quel momento, sugli stadi della convalescenza – chi ha vissuto questi patemi non li dimenticherà tanto facilmente. Sarà necessario tenersi aggiornati e a qualcuno più avanti potrà sempre sfuggire: "La mia non è curiosità, ma mi piacerebbe sapere come sta il principe Yussuf Izzedin che, come è risaputo, soggiorna da tempo a Eldach".

E, mentre l'erede al trono turco è giunto a completa guarigione e il tono si mostra lieto di questo risultato ottenuto – perché sulla salute non bisogna scherzare –, si sono verificati avvenimenti che lo hanno costretto a partecipare con gioia o dolore. È noto quanto la Turchia desti in lui preoccupazione anche in altri campi. E, poiché è risaputo quanto il tono sia un ruminante che non concede spazio alla fantasia, per non morire d'inedia si interessa anche di altre questioni poi dimostratesi del tutto infondate. Non solo riporta più e più volte quanto è venuto a verificarsi, ma altrettanto fa con cose mai successe. Eleva un niente ad avvenimento e, se poi viene acclamata l'inconsistenza del fatto, è una catastrofe!

Porto un esempio: se alla banca nazionale non è pervenuto un telegramma che riporta dell'entrata in guerra della Bulgaria contro la Turchia, esso esprime il suo spavento in ben tre pagine, ne utilizza altre quattro per tranquillizzarsi e cinque per tirare un sospiro di sollievo, esagerando, poi, nella sua capacità di esprimere, nel titolo, ciò che rende superfluo l'articolo: *Allarmanti voci su una dichiarazione di guerra della Bulgaria che ha tenuto in ansia l'Austria per un'intera giornata*. I suoi titoli sono sempre trombe di Gerico[43] per mura che sono già venute giù o che comunque mai verranno a cadere. Ogni bollino uno *shofa'r*[44] e in taluni casi anche due. Qualche volta anche un congegno vibrante, di cui ci si avvale per i massaggi. Soprattutto nelle grandi occasioni, quando il popolo viene chiamato a raccolta. Perché, in quei frangenti, il tono immancabilmente recita: "La gente inizia ad ammassarsi".

Eppure, quando questo accade, la gente si disperde volentieri.

La cosa genera un certo allarme. Il tono abbisogna sovente di voci altisonanti per sottolineare la sua necessità di presenziare a ogni accadimento. Si avverte nuovamente il chiasso che è costantemente presente in redazione. Finalmente, si comprende cosa sia un "organo". Il tono, che si sente di casa, strilla con i redattori, con i lettori e con gli avvenimenti. Questo vociare concitato che

---

43 Nel libro di Giosuè, così si narra la conquista di Gerico: "Le porte di Gerico erano sbarrate e barricate per paura degli Israeliti. Dalla città non usciva più nessuno ed era impossibile entrarvi. Il Signore disse a Giosuè: 'Io darò in tuo potere Gerico, il suo re e i suoi soldati. Ti metterai in marcia con tutti i tuoi uomini. Farete un giro completo attorno alla città, ogni giorno, per sei giorni di seguito. Sette sacerdoti prenderanno una tromba fatta di corno di ariete e cammineranno davanti all'arca. Il settimo giorno girerete attorno alla città per sette volte, e i sacerdoti suoneranno la tromba. Appena si sentirà il lungo segnale delle trombe, tutto il popolo lancerà il grido di guerra e le mura della città crolleranno. Così ogni vostro soldato troverà la strada aperta davanti a sé'".

44 Nde. Si tratta di un corno d'ariete, il cui suono costituisce un richiamo alla penitenza, che annunzia i Dieci Giorni di Pentimento, per cui viene utilizzato durante alcune funzioni religiose ebraiche e, in particolar modo, durante Rosh haShana e Yom Kippur. Lo shofar è menzionato spesso nella Bibbia, dal libro dell'Esodo a quello di Zaccaria, nel Talmud e nella letteratura rabbinica successiva.

desta l'impressione che i barbari invadano la Borsa e gli eroi omerici l'Austria, uscendo direttamente dal cavallo di Troia, suona sull'articolo della *Neue Free Presse* in costruzione come una voce distonica inglese. Il tono è intriso del medesimo furore quando si sposta in un articolo di fondo che riporta "Tolstoj[45] si è risentito", tranquillizzandosi solo quando ha a che vedere con gente distinta. Un'*Entente cordiale* sorte un effetto sedante e un *exposé* gli suscita tanta impressione che vorrebbe scriverlo con una tripla *e*. Dà serenità pure quando gli presentano un *communiqué*. Ma un *exposé* è sicuramente più ambito.

A quali oscillazioni è stato esposto il tono in quest'autunno così ricco di eventi! È stato spesso violento e, quando si è reso manifesto, irritato, delicato, conciliante, preoccupato, compiaciuto e via dicendo, sempre era al contempo riflessivo. Probabilmente, ci sono frangenti in cui si lascia anche andare, ma sa sempre a quale mondo affidare affari e sentimenti. Poiché per nascita è un tono colto, è assai compiaciuto quando la cultura fa festa, ma diviene addirittura orgiastico in presenza di un congresso di legislatori o di rappresentanti del clero. Trattenendosi innanzi al crocifisso e biascicando tra i denti qualcosa del tipo: "Alla larga!", reputa il congresso dei legislatori quale unica salvezza dell'umanità; se poi iniziassero a organizzare riunioni di categoria anche gli scrivani, il suo osannare non avrebbe fine.

I congressi sono trasversali, interessano quasi tutte le categorie. Il tono non può farsi una ragione di questo mirabile elenco di nomi illustri che, di giorno, discutono in merito alla pena capitale e, a sera, brillano per spensieratezza dedicandosi alle donne e alla lettura delle riviste scandalistiche. Naturalmente, in abito da passeggio. Perché? Il tono lo spiega: il frac è troppo serio per una serata in cui erano all'ordine del giorno allegria e cordialità. A onor del vero, ovunque si ravvisavano volti sorridenti, si formavano capannelli e nascevano amicizie. Ovunque, a prescindere da un piccolo inconveniente verificatosi per colpa di pesce

---

45 Nde. Lev Nicolaevic Tolstoj (1828-1910) fu uno scrittore e filosofo russo, divenuto famoso a livello mondiale per il successo dei romanzi Guerra e pace (1865-1869) e Anna Karenina (1877).

avariato cucinato per loro, si vedeva come la gente del posto si desse briga per rendere piacevole la serata agli stranieri del Reich. Tutto procedeva come meglio non ci sarebbe potuto augurare e dalle labbra di ognuno si poteva leggere il nome di Nestor Unger. È risaputo da tempo quanto il tono abbia particolare apprezzamento per i cori maschili, per cui è felice che anche questi si siano dati l'incomodo di contribuire, con l'aggiunta di una nuova foglia alla sua corona di gloria nella cerchia degli uomini che si sono lasciati alle spalle un pesante lavoro. Quale caposezione o rappresentante del foro imperiale, favorevole a mantenere in vigore la pena di morte, non sarebbe indotto a commozione ascoltando: *"O fanciulla in fondo alla valle...?"*[46].

Certo svolge un ruolo molto importante anche l'armonia culturale che emerge in simili occasioni ed è giusto che qui, dove si sono spesso riuniti berlinesi e viennesi, si citi pure Beethoven.

Puffendorf (Hamm) e Runge (Kassel) sono ben felici di ritrovarsi finalmente con Kriczka (Scheibb) e Rosenbacher (Biala). Ci si sente come a casa propria. Circondati da giardini, in mezzo ad una fiorita ghirlanda di donne tedesche, il lavoro spirituale si conclude con successo se dopo si può giocare a pegni. Il tono è semplice, ma entusiasta anche se preda di un malcelato imbarazzo.

Il tono, ovviamente, risulta percettibile anche in frangenti dove non lo si trova adeguato. Quando centocinquanta legislatori soffrono da avvelenamento da pesce, se la cosa diviene di dominio pubblico, pregiudica la gioia per il banchetto e così il tono la tace e solo nella settimana a seguire, scrollando le spalle, annuncia: *"Supposti casi di avvelenamento da pesce durante il pranzo di congresso di legislatori"*. Non vale la pena di prestare alla cosa maggiore attenzione. Il tono, in verità, è preoccupato, ma non deve darlo a vedere.

Il tono si fa loquace solo in amministrazione, dove si sente a suo agio: si sono infatti presentati i pescivendoli, assicurando che il pesce da loro fornito era stato appena pescato. Il tono non si dà pena neppure di verificare se i legislatori avvelenati si sono prestati volontariamente a un'esperienza del genere per conoscere quali

---

46 Nde. Tipico canto della Carinzia.

danni si ricavano da una non osservanza delle leggi alimentari. Certo, il tono dovrebbe poi quantomeno riferire che si è accertato un dolo, ma non colui che lo ha causato, anche se la cosa ha coinvolto emeriti legislatori. Pure se accade che centocinquanta medici dell'ospedale locale rimangano intossicati dopo aver ingerito uno strudel di noci, il tono sorvola sulla questione con eleganza e tatto, assicurando che l'avvelenamento derivava dalla vaniglia. Non si preoccupa neppure di sapere se i medici coinvolti nell'incidente abbiano agito nell'interesse delle loro gravose funzioni, per conoscere di persona la sintomatologia derivante da un'intossicazione di vaniglia. Medici e legge sono allettati. La filosofia per il momento sta bene perché, nell'esercizio delle sue funzioni, eventualmente può rincitrullire, ma mai darsi ammalata. E poi si constata pure che la teologia, malauguratamente, versa in ottima salute. Se il tono avesse avuto la fortuna che almeno due partecipanti al congresso eucaristico si fossero ammalati a seguito del pasto, lo sa Iddio se non gli si sarebbe concesso un articoletto di fondo, attribuendo ogni malessere alla ressa, alle tendenze medievali di certe manifestazioni. E tuttavia bisogna ringraziare la Provvidenza, perché il tono, pur avendo così svariati campi d'azione, ha trovato il tempo per occuparsi anche del preservativo *Parsifal*.

Così, non solo distribuisce sottobanco i giornali della Josefstadt, come se fossero una cura per la giovinezza, ma addirittura, nei giorni nei quali molti sprovveduti sono venuti a trovarsi a Vienna, si è provveduto a distribuire gratuitamente diecimila esemplari del succitato preservativo. Il tono è colpevole dell'orribile impressione suscitata, che però, assicura, è stata solo un malinteso.

Si è comportato, insomma, come se reputasse l'arte di far del bene di un valore pari alla merce stessa e si era portati a credere, mostrando simpatia verso i folli giunti fino a Vienna, che intendesse promuovere anche i preservativi *Viro*. Alla deprecabile indiscrezione di questa vicenda, per alimentare il malinteso, venne ad aggiungersi che anche le donne si dicevano entusiaste dell'anticoncezionale in questione. Questo perché qualche nota femminista aveva espresso la sua opinione sull'argomento: "A tutti deve essere resa accessibile la bellezza" disse una. Un'altra se ne dichiarò soddisfatta e un consigliere imperiale aggiunse che ne era stato gradevolmente toccato. Non solo si registravano solo persone soddisfatte, ma tutti ne ordinavano a dozzine.

Questo fu causa di una grave polemica e tutti chiedevano: "Ha già il preservativo *Parsifal*?" mentre i fornitori, sghignazzando, rispondevano in coro: "Qui, qui il *Parsifal* è legge!"

Il problema se il *Parsifal* fosse stato profanato o meno venne risolto e la più sconveniente dichiarazione sul quotidiano più infimo sarebbe solo di momentaneo sollievo a questa polemica inscenata da persone che di solito scrivono articoli seri sui terremoti e si sono trovate a disquisire sulle ultime volontà di un artista. Da quando al mondo c'è questo tono, le stagioni si avvicendano con odio e madre natura abortisce la propria nascente creatura: la primavera! Le mosche sono arrivate al cielo dove, nonostante l'altezza, si sentono a proprio agio.

Il tono, qualunque cosa intenda esprimere, quando l'artista crea, gli rivolge due domande, "Cosa ne trae?", e se l'artista odia: "Perché quello gli è inviso?"

Si è dunque posto la domanda se l'arte e la religione ne vengano profanate!

In merito ha deciso di no.

Oh, fosse possibile citarlo in giudizio, questo dannato tono!

Dal Die Fackel del 5 ottobre 1911

CHIAMO IL PRONTO SOCCORSO

Chiamai il pronto soccorso per fare opera di misericordia nei confronti di una giovane del tutto simile, tanto per la sua vita quanto per la sua volontà di porre fine all'esistenza, alle parole con cui venne rimossa: "Qualcuno la prenda per i piedi, mettiamola sull'ambulanza e sgombriamo al più presto".

A causa di un amore infelice, ella aveva dato concretezza a propositi suicidi.

Negli anni in cui, prima di essere vittima di un solo individuo, lo era stata di molti, la giovane aveva accumulato un patrimonio di ventimila corone in contanti ed altrettanto valore in gioielli, esercitando una professione che richiede sacrificio e abnegazione pari a quella di un medico.

In caso di decesso era suo espresso desiderio avere una bella lapide. Così lasciati i suoi beni al pronto soccorso, si sparò. Dopo le esequie, le colleghe di lavoro, nel rispetto delle sue ultime volontà, ritenendo che del suo capitale, oltre alla donazione disposta, fosse rimasto denaro sufficiente, maturarono la decisione di farle fare la lapide che aveva tanto desiderato.

Il legale testamentario, tuttavia, disse che, come da documentazione scritta, l'intero patrimonio della ragazza era confluito nelle casse del Pronto soccorso. Senza scoraggiarsi, le giovani amiche adottarono allora la risoluzione di indire tra loro una colletta.

Cosa? Credetemi, il Pronto Soccorso non lo permetterà!

Con questo non intendo certo dire che farà porre a sue spese una lapide sulla tomba della benefattrice, dotandola di un iscrizione che esprima la gratitudine verso di lei dei medici del Pronto intervento. In un'altra epoca e in un luogo meno ostile di questo, sarebbe stato naturale. Ma oggi certe pretese sono inopportune. È sconveniente che il Pronto Soccorso, un'istituzione tenuta in piedi dal volontariato, ringrazi una meretrice per la donazione da quella ricevuta, compromettendosi pubblicamente in luogo accessibile a tutti come un cimitero.

Forse, colui che si avvale delle prestazioni di una donna di tal fatta quando si trova in vita, prende da lei commiato dicendo: "La ringrazio, signora?"

L'accorrere del Pronto intervento non poteva certo esserle di aiuto, visto che il colpo sparato l'aveva uccisa all'istante. E ad afferrarla per i piedi e sgombrare il campo dalla carcassa si era presentata un'altra associazione filantropica.

Il Pronto Soccorso giunse tardivamente, ma nei tempi corretti per intascare il lascito. Questa spregiudicatezza gli fa onore. Certo, non è tenuto a esporsi al giudizio della gente. E, in fondo, si trattava di un incasso che "tenuto conto della provenienza, non giustificava una causa civile", neppure se i clienti avessero espresso rifiuto a dare alla ragazza il giusto compenso per la prestazione offerta. Fortunatamente per il Pronto soccorso, quest'ultima eventualità non si era verificata. E, d'altra parte, dove sta scritto che un'istituzione pubblica debba ringraziare persone dalla condotta di vita disdicevole per un'eredità?

Certo, oltre questo non lo si può assolvere da altri obblighi.

E comunque, le giovani colleghe della defunta, ragazze che spesso danno al prossimo molto di più del denaro che ricevono, sebbene "colei da cui veniva la richiesta non avrebbe giustificato una causa civile", provvidero a una colletta.

Il Pronto Soccorso stia in allerta: corre il rischio che le ragazze saldino il conto delle onoranze funebri prima che possa farlo lui. Per cui, intervenga senza indugio. Voglio vedere come andrà a finire questa vicenda. Nel frattempo chiamerò il 2605 e li ammonirò: *vivos voco, mortuos plango, fulgura frango!*[47]

Dal Die Fackel del 29 febbraio 1912

---

47 Nde. Frase tratta da Il canto della campana, ballata di Friedrich Schiller, che significa letteralmente: "Chiamo i vivi, piango i morti, spezzo i temporali".

SONO CERTO DELL'ESISTENZA DEL DIAVOLETTO DEI REFUSI

"Una tragedia di Shakespeare, finora ignota, è stata di recente annunciata a St. Gallen nella pagina degli avvisi di un giornale. Si diceva che, nel teatro civico di quella località, si sarebbe assistito alla rappresentazione della tragedia in cinque atti del suddetto autore titolata: Re Lehar"[48].

Non c'è certo da riderne. Si tratta di una cosa veramente disdicevole. Il proto non intendeva fare una battuta ilare. La parola che non gli è riuscito comporre, l'associazione di idee che si intromette nel suo lavoro è figlia del nostro tempo. Lo si capisce dai refusi. E quello che abbiamo letto oggi, è indubbiamente una vera tragedia Shakespeariana.

Dal *Die Fackel* del 27 aprile 1912

---

48 Nde. Si ironizza qui sul refuso che, invece della tragedia shakespearia- na Re Lear, sembra far allusione al compositore ungherese Franz Lehar, non particolarmente stimato da Karl Kraus.

INANELLARE PERLE STILISTICHE

Solo un vero esperto dovrebbe inanellare perle stilistiche. Farne a meno è segno di cattivo gusto, anche se si desidera trovare nei giornali solo frasi corrette.

Le perle stilistiche sono felici eccezioni che fioriscono nel deserto della conoscenza. Non vi è forse un affascinante valore simbolico in un giornale che se ne esce con una frase del genere?

"Morente venne trasportata in ospedale, dove diede vita a un bambino morto".

Non avviene lo stesso per il nostro condiviso amore, la cultura? Portata moribonda in redazione, partorì la suddetta frase.

"Oh, se qualcuno riuscisse a riportare in vita la defunta creatura! Certo, salverebbe anche la madre!"

Dal Die Fackel del 27 aprile 1912

UN PREGIUDIZIO

Il *Neue Wiener Tageblatt* annuncia: "Nella rappresentazione a scopi benefici tenutasi l'altro ieri alla *Residenzbühne*, la signorina Kate Pasqué ha dato ottima prova di sé, nella parte di Lotte del *Werther* di Massenet[49]. La giovane ha posto in evidenza le sue eccellenti qualità vocali".

La notizia è corretta e, tuttavia, invece che l'altro ieri, si sarebbe dovuto scrivere dopodomani. Allora infatti, ancora si era certi che la rappresentazione avrebbe avuto luogo. Giacché in effetti, non c'è stata. Il Werther non è andato in scena e nessuno ha dato prova di sé o si è posto in evidenza per le eccellenti qualità vocali. Ma questo non ha rilevanza quando l'essenziale è giusto.

Dal Die Fackel del 16 luglio 1913

---

49 Nde. Werther è un dramma lirico in quattro atti di Jules Massenet tratto dal romanzo epistolare I dolori del giovane Werther di Goethe (Edizioni Clandestine, 2006).

SOCI

Pure Karczag[50] scrive e ha scritto un pezzo titolato *Rinuncia*. Niente da eccepire, ma nel catalogo delle sue edizioni teatrali, dove sono riportati i nomi dei poeti, le loro opere e tutto ciò di cui lui si occupa, tra le tante cose si legge: "Hirschfeld Ludwig", Eccellenza Pompadur – Karczag Wilhelm, *Rinuncia*".

E soci: "Mars Antony[52] e Lyon Henry, La signora ammiraglio – Molnar Franz[53] e Halm Alfred[54], *Il signor difensore*".

Quindi, di seguito, un duo che ha redatto insieme un'opera: "Nestroy Johann[55] e Birinski Leo[56], *Calma!*"

Stt! Silenzio forse uno è deceduto. Calma, lasciatemi fare, riuscirò a liberarmi dell'altro. State zitti, forse mi riuscirà di persuaderlo. Come, non vuole saperne di andarsene? Pensi Karczag a separare quei due cacciando il secondo. Anche lei è un poeta e

---

50 Nde. Wilhelm Karczag (1857 – 1923) fu un drammaturgo, direttore di teatro e giornalista austriaco. Esordì con il testo teatrale Rinuncia nel 1982.

51 Nde. Hirschfeld Ludwig (1882 – 1945), fu drammaturgo, autore di cabaret e giornalista. Lavorò come redattore dal Neue Freie Presse e come caporedattore del Modernen Welt

52 Nde. Mars Antony (1862 – 1915) fu un commediografo francese che conquistò il pubblico con alcune commedie, tra cui Les surprises du divorce (1888); Les 28 jours de Clairette (1892); Le billet de logement (1901); La chaste Suzanne (1913).

53 Nde. Ferenc Molnár, conosciuto anche come Franz Molnar (1878 – 1952), è stato uno scrittore, drammaturgo e giornalista ungherese di origine ebraica; pubblicò diversi romanzi, novelle e drammi per il teatro. È autore del celebre libro I ragazzi della via Pál (1906).

54 Nde. Alfred Halm (1861–1951) fu scrittore, attore e regista cinematografico.

55 Nde. Johann Nestroy (1801 – 1862), è stato un attore teatrale, commediografo e cantante lirico austriaco. Tra le sue opere, Nur Ruhe! (Calma!), 1843.

56 Nde. Leo Birinski (1884-1951), sceneggiatore e drammaturgo, collaborò alla messa in scena di Nur Ruhe! di Nestroy nel 1914 presso il Deutsches Volkstheater di Vienna.

possiede un cuore. Come dice, la cosa gioca a vantaggio di Nestroy? Nessuna vana misericordia Karczag!.. Per l'amor del cielo, questo no! Probabilmente, io ho delle posizioni estreme sull'argomento, ma continuo a ritenere che questo non si poteva fare.

Kainz Josef[57] e Birinski Leo potrebbe andare. Egli lo ha aiutato a morire e posso dirlo perché ero presente. Kainz venne operato e Birinski c'era e quindi tra i due un nesso lo si trova. Ma quando Nestroy passò a miglior vita, Birinski neppure era in progetto presso i suoi genitori. Nestroy era deceduto da tre-quattro decenni e già le sue opere si potevano acquistare al prezzo dell'usato, quando Birinski prese a commerciarle.

Questa la si potrebbe definire una società d'affari, anche se oggettivamente meno impegnativa. Portato per indole al commercio, Birinski si dedicò poi alla rivoluzione bolscevica. Decise di divenire un profugo russo e la cosa gli riuscì. Passava di corsa per la Rotenturmstrasse e gli si leggeva in faccia che giungeva dalla Russia. Pareva accaldato perché in Russia ci si reca con difficoltà, ma, se possibile, se ne esce in tutta fretta.

Intendo dire che è maggiormente credibile l'apporto dato da Birinski alla rivoluzione russa che non quello fornito a *Calma*.

Così non va. Decidiamoci a togliere il secondo nome dal repertorio, osiamo. Se la cosa dovesse nuocere a Nestroy cosa importa? Forse in vita ha meritato tanto rispetto? Non si è costretti a mostrarsi giusti nei confronti di Nestroy perché, se anche presumiamo che egli possa essere immortale, il suo decesso è cosa assodata. Anche se la critica non avesse avuto niente da ridire, non si sarebbe mai scritto *Troilo e Cressida*[58] di Shakespeare e Gelber.

Queste cose mi rattristano. Non mi piace che si arrivi a tanto. Potrei spedire vagoni di mele marce alla prima quando sulla locandina compare il nome di due autori, ma solo uno si presenta a ringraziare il pubblico. Via lui, si presenti l'altro! Si muore di cancro e in questo c'è un nesso. Ma se si è deceduti e un verme dice

---

57 Nde. Josef Gottfried Ignaz Kainz (1858 – 1910) è stato un attore teatrale austriaco, scritturato, a partire dal 1899, dal Burgtheater di Vienna.

58 Nde. Troilo e Cressida è una tragedia in cinque atti, datata intorno al 1601, composta da William Shakespeare.

di essere il socio del defunto, non lo si deve incoraggiare in questa sua convinzione, lo si deve spedire in Russia affinché possa, se non riesce a raggiungerla, far ritorno come profugo, dichiarando che ha scritto il *Revisore* con Gogol[59].

Dal Die Fackel del 17 novembre 1913

---

59 Nde. Nikolai Vasilevic Gogol (1809 – 1852), scrittore e drammaturgo russo, scrisse il testo teatrale Il revisore, noto anche come L'ispettore generale nel 1836.

DEVO DIVENIRE NOVISTA?

Se non sapessi cosa è possibile trovare nel mondo, mi meraviglierei di quanto già c'è.

Per portare un esempio, ero al corrente dell'esistenza in Austria di una società nata per favorire la pace nazionale, perché avevo ricevuto un invito nel quale ci si riprometteva di porre l'arte e la società civile al servizio della riconciliazione nazionale. Assai di frequente mi trovo a pensare che i postini avrebbero vita più facile se l'Urania[60], i pellicciai, i sostenitori della pace, i droghieri e i comitati elettorali, decidessero in maniera unitaria di depennarmi dalla lista di persone a cui recapitare i loro pieghevoli.

Non mi sono da stimolo in questo modo.

Sono interessato a ogni faccenda, ma gradirei essere liberato da un eccesso di lavoro perché trovo già sufficienti motivazioni nell'osservare insistentemente le pareti della mia camera da letto e sovente non ho cuore di rinunciare a un panorama che desta in me tanta attrattiva.

"Anche questa estate sta giungendo a conclusione, da ogni parte ci si muove... I furieri se non sono già arrivati, sono in strada. C'è un lavoro da svolgere che richiede... E fianco a fianco agli anziani, sempre all'avanguardia, combattenti indomiti dello sporco in casa... Quelli che hanno superato la prova del fuoco... Posti alla prova hanno dato conferma... Richiede un sacrificio di

---

60 Nde. L'Urania-Sternwarte, all'angolo dello Stubenring e del Canale del Danubio, fu costruita nel 1909 da Max Fabiani per diventare un luogo di educazione dedicato al popolo. Seriamente danneggiato durante la Seconda guerra mondiale, fu restaurato e riaperto nel 1957. Oggi ospita il primo osservatorio popolare austriaco.

tempo e fatica...".

Siamo forse in presenza di una mobilitazione generale? Niente affatto. Si tratta di un droghiere che raccomanda l'utilizzo dello smalto *Fritze* e della crema detergente *Globus*. Ma allora chissà come si esprime la società promotrice della pace che non mi concede tregua, per convincermi a farmi annoverare tra le sue fila!

Io, con foga, vado immediatamente a leggermi lo statuto di quell'associazione, da cui apprendo che la società si chiama *Nova* gli affiliati *novisti* e che questi ultimi non hanno alcun dubbio su come comportarsi e agire. Bisogna innanzitutto creare e promuovere una letteratura *novista*. E tuttavia è di maggiore e decisiva importanza che nell'associazione "siano accolti solo coloro che, compiuti i diciotto anni, approvino il programma *novistico* e ne abbiano colto appieno l'idea austriaca".

Darei dieci anni di vita, se mi fosse possibile, senza ovviamente aderire al *novismo*, per presenziare alla risposta data a una domanda del genere da un maturando posto di fronte alla commissione di esame. Del resto, è evidente quanto l'idea austriaca abbia connotati facilmente individuabili. Essa consiste nella "creazione di una condivisa e comune convergenza culturale".

Neppure un cane aspirerebbe a vivere tanto a lungo. I *novisti* sono concordi sul fatto che sia assolutamente necessario che l'Austria seguiti a essere il punto di riferimento di tante nazioni, per facilitare la risoluzione di conflitti che sussistono tra alcune di loro. Per aderire a codesta organizzazione, a meno che non sia socio fondatore o socio onorario, è richiesto un contributo economico di quattro corone. Ne sono esentati "giornalisti, scrittori, artisti in genere e traduttori".

Nonostante io abbia quattro attributi su quattro richiesti, esito a diventare *novista*, perché ci si assume compiti e responsabilità non all'altezza di tutti.

Ovviamente, uno se ne può andare in qualsiasi momento, ma riscontro nello statuto troppi doveri e, per contro, assai pochi diritti. Certo il *novista* ha diritto "a ricevere gratuitamente informazioni di ogni genere", a ospitare "bambini e giovani di altri luoghi e mandare altrove i propri per favorire l'apprendimento delle lingue".

Sì, ma cosa si ottiene da tutto questo? Poi, dall'altra parte, si elencano i doveri.

Ogni *novista* deve: a) agire in modo conforme a quanto riportato nello statuto societario; b) appoggiare i fini per cui la *Nova* è stata istituita, per quanto riguarda il rispetto, la tolleranza, l'uguaglianza dei diritti di ogni essere umano; c) opporsi con ogni mezzo all'intolleranza nazionalista.

Non sono richieste di poco conto, ma chi o cosa potrà testimoniare che io non sono venuto meno a questi doveri? C'è poi una questione su cui mi trovo in completo disaccordo che si trova nel punto successivo: d) nei rapporti con gli associati e, quando è possibile, non solo alle riunioni ma anche nella vita di tutti i giorni, bisogna far ricorso al saluto *novistico*.

La cosa non fa per me. Questo saluto, descritto in un paragrafo a parte, è bello, ma assai poco pratico: "Si adotti il *Salve!* come saluto, che vale come segno di riconoscimento per gli affiliati che ancora non si conoscono personalmente e che si trovano a incontrarsi in un posto qualsiasi".

Fatico persino a immaginarmela la cosa. Due *novisti* che si incontrino di notte in una boscaglia e già abbiano dimestichezza l'uno dell'altro non necessitano di dirsi *Salve!*; se poi non si conoscono è certo che si scambieranno per briganti e cercheranno di defilarsi in fretta senza perdere tempo a salutare. Quindi, a cosa serve che uno per strada, o dove volete, esclami improvvisamente *Salve!*, per sentirsi forse rispondere *Scemo!* da colui al quale l'organizzazione è ignota?

Malintesi si verificheranno a non finire. Ma adesso cerchiamo di capire per bene quali sono i fini a cui tendono i *novisti*. Ho l'impressione che non si tratti tanto di favorire la fratellanza tra le nazioni, ma di trovare qualcosa da fare ai novisti. Cosa? Un'occupazione, perché nell'appartenere a quella congregazione ci si fa carico di molte questioni. Fastidi, seccature, c'è sempre qualcosa da fare. Per fare un esempio, ci sono gruppi locali cherispondono alle direttive della direzione nazionale.

Per quale motivo e come viene istituito un distaccamento locale? Il motivo non è ancora dato conoscerlo, ma come è risulta assai chiaro.

Nel paragrafo cinque, infatti, è riportato: "Una sede locale nasce quando almeno dieci appartenenti a una nazione – senza distinzione di sesso – aderito al programma *novistico*, fanno richiesta di divenire soci reali della *Nova*".

Senza tener conto del sesso, uomini e donne si adoperano per la fratellanza tra i popoli e questo lo si può certo considerare un vantaggio. Tuttavia, è necessario che siano almeno dieci e, in assenza di uno, è consentito avvalersi pure del supporto di un ebreo. Visto che si tratta di un movimento tollerante e moderno, è naturale la partecipazione femminile.

Difatti, addirittura si prescrive più avanti: "Si raccomanda alle donne con sentimenti *novistici*, che abbiano soddisfatto i requisiti richiesti al paragrafo cinque, di operare affinché nascano più e più circoli locali. La componente femminile dell'associazione deve svilupparsi di pari passo a quella maschile".

In verità, non ho nessuna idea di come possano essere conformate le donne di sentimenti *novistici*, come siano tenute a procedere e in che modo siano completamente soddisfatte le condizioni del paragrafo cinque: conosco donne frigide, donne affette da isterismo, donne irragionevoli, ma nessuna *novista*. Tuttavia, la sezione femminile deve necessariamente svilupparsi di pari passo a quella maschile se vuole aderire alle idee noviste.

Non mi piacciono le donne *noviste*. Dopo aver fondato un gruppo locale, esse si fanno dirigere da "amministratori onorifici da loro indicati".

Personalmente, se anche si trovassero sul monte Ida, non porgerei la mela alla cassiera, né alla presidentessa, né tantomeno alla responsabile della propaganda. Di particolare interesse è anche il paragrafo undici: "In un secondo tempo si valuterà come, dove e quando si debba venire a un organizzazione di quartiere come direttivo ponte. In generale è auspicabile che gruppi locali non superino il numero di cento unità. Oltre è suggerito di formare un nuovo gruppo locale".

State bene accorti a come cresceranno questi gruppi rionali. Si può vivere solo di queste cose?

I *novisti* non devono occuparsi di altro? E allora, ecco il punto V. Cosa sono i direttivi ponte? La Moldava tracima, urgono soccorsi, si provvede a costruire argini, un passaggio di emergenza che unisca provvisoriamente le due sponde! Niente affatto, tutto si risolve in questo modo: "Il direttivo ponte è un gruppo composto da consiglieri pari al soprannumero di associati che una sede locale si trova a gestire".

Il malcontento delle nazioni austriache deriva principalmente dal fatto che a chiunque è consentito divenire consigliere imperiale, governativo, di borsa, commerciale e di camera. Adesso si permette anche di assumere la carica di consigliere ponte e consigliere di quartiere.

"Se nel consiglio di quartiere sono rappresentate più di due nazioni, se lo si ritiene opportuno, può essere istituito un consiglio ponte".

E le donne? "Allo stesso modo si opera per i consigli ponte femminili".

Ma a quale compito sono chiamati i consiglieri del direttivo ponte? 1) Dare ai *novisti* di nazionalità diversa l'opportunità di conoscersi, affinché ogni pregiudizio venga meno e favorire in loro un pieno accoglimento della vita sociale *novistica*. 2) Sostenere ogni attivista che abbia nei suoi progetti un riavvicinamento di coloro appartenenti a nazioni diverse.

Come si fa? Niente di più semplice: 3) Esaltando e coltivando tutti i punti di comune interesse.

A tal fine, il Consiglio del direttivo ponte di zona è senza dubbio un ottimo punto di arrivo, ma non è certo il più alto a cui un novista, col tempo, può e deve aspirare.

Fortunatamente, al paragrafo VI è scritto quanto segue: Il Consiglio ponte regionale. Esso è superiore agli altri, ma quali sono i suoi compiti e cosa è di preciso? Si legge: "Nella sua composizione esso rappresenta non solo la fusione dei Consigli di collegamento di zona, ma è anche un'organica rappresentanza di tutte le sezioni locali che non si sono sviluppate fino a costituire

Consigli direttivi ponte".

Il modo di procedere è alquanto complicato: "Per quanto riguarda le sezioni *novistiche* che hanno istituito un direttivo ponte di zona, i delegati a rappresentanza regionale vengono segnalati da quello. Invece, nelle sezioni isolate che definiamo sezioni aperte per distinguerle da quelle che sono andate a svilupparsi ci si comporta diversamente".

Ecco questo è un punto estremamente rilevante: "Quanto si è detto in merito ai Consigli direttivi ponte di zona, vale anche per i Consigli direttivi ponte a carattere regionale".

Certo qui c'è da studiarci sopra.

Poi, ancora si trova: "E tuttavia un *novista* assai di rado raggiunge questi ambiti traguardi, ovvero il "Consiglio dei popoli, vero obiettivo e meta finale dell'associato".

Non è previsto un Consiglio Imperiale solo perché già se ne conta uno. Il Consiglio dei popoli o direttivo federale, al quale partecipano le maggiori personalità dei diversi paesi, delle regioni e dei popoli, ha il compito di "lavorare alla fusione *novistica* di tutte le corporazioni economiche e culturali che in Austria ancora risultano non collegate tra loro".

Per cui da questo verranno designati un presidente, due vicepresidenti, un segretario generale e un vicesegretario.

La lingua utilizzata nei colloqui e nel corso delle trattative richiede un capitolo a parte: "Nei Consigli direttivi ponte vige il principio del bilinguismo o del plurilinguismo".

Questo potrebbe, però, essere motivo di dissidi nazionali, da parte di coloro che sono contrari all'idea novista. E allora vi si pone rimedio nel paragrafo 43: "Nei Consigli direttivi ponte di zona, non si applicherà il bilinguismo, per non rendere difficoltoso redigere verbali e documenti.

Per cui: a) le relazioni scritte a livello locale saranno solo in lingua nazionale; b) i rapporti impressi su carta dal Consiglio direttivo ponte regionale dovranno essere nella lingua di cui si avvale la sezione locale che li ha sollecitati".

E tuttavia i Consigli direttivi a carattere regionale "possono decidere di avvalersi della lingua tedesca per comunicare con il direttivo federale nazionale".

Se però vi è un consigliere ceco in un qualche direttivo il quale, trovandosi in disaccordo con questa risoluzione, esclama: *"Hanba!"*[61], lo si sopporti senza dargli troppo peso.

Questa assurda perdita di tempo è stata sottoscritta da centosessanta docenti universitari. E alla fine, sperando in una mia adesione, la carta è stata sottoposta anche a me. Qui, mi era data finalmente l'occasione di fare qualcosa di costruttivo, non di criticare o distruggere come sempre ho fatto.

Allora, devo divenire *novista*?

Ho preferito lasciar perdere e, corso fuori per acquistare un vasetto di crema detergente *Globus*, ho deciso di fondare un club che si preoccupi della salute dei portalettere.

Dal Die Fackel del 17 novembre 1913

---

61 Nde. Il termine hanba significa, in lingua boema, vergogna.

RICONOSCIMENTO DA PARTE DI...

Il discorso di commiato, tenuto in occasione del licenziamento degli impiegati italiani di Trieste, fornisce occasione al conte Stürgkh[62], di esprimersi nel seguente modo:

"Il carattere del popolo italiano e la sua nobile e millenaria cultura godono di grande simpatia anche in Austria e sono sovente stati oggetto di pubblici riconoscimenti da parte del governo del nostro paese...".

La cosa risulterà certo gradita a Michelangelo[63], di cui a Vienna si è detto, in merito alle opere di Weyr[64], che può chiudere bottega; a Dante e al suo *Inferno*[65] che da noi è stato meno apprezzato di quello di Natzler[66]; al programma del Colosseo, divenuto oramai il tema principale della stagione, e anche alla Cappella Sistina, dichiarata spesso di minor pregio di Drescher[67].

---

62 Nde. Karl Graf von Stürgkh (1859-1916) fu un politico austriaco, Primo ministro dal 1911 al 1916. Fu ucciso, a causa del suo governo eccessivamente autoritario e della sua politica di censura, dal socialdemocratico Friedrich Adler.

63 Nde. Michelangelo Buonarroti (1475 – 1564) fu un architetto, scultore, pittore e poeta italiano, celebrato come il massimo genio del suo tempo.

64 Nde. Rudolf von Weyr (1847-1914) fu uno scultore austriaco neobarocco.

65 Nde. L'Inferno è la prima delle tre cantiche della Divina Commedia, cui fanno seguito Il Purgatorio e Il Paradiso, scritte da Dante Alighieri, poeta, scrittore e politico italiano (1265 – 1321).

66 Nde. Sigmund Natzler (1865-1913) fu un attore austriaco. Aprì il teatro cabaret Inferno nel seminterrato del Theater an der Wien, luogo che divenne di leggendario intrattenimento.

67 Nde. Heinrich Drescher (18471925 circa) fu un pittore e scultore austriaco.

Non si rifiuterà più Tiziano[68], perché ritenuto fomentatore di disordini, ma gli si concederà il tributo riconosciuto a Blaas[69], il quale dipinge veneziane. Mai più si potrà asserire che la cultura italiana non è un oggetto, perché è effettivamente oggetto di innumerevoli riconoscimenti da parte del governo austriaco.

Dal *Die Fackel* del 15 dicembre 1913

---

68 Nde. Tiziano Vecellio (1480/1485 1576) fu un noto pittore italiano, cittadino della Repubblica di Venezia.

69 Nde. Il riferimento è qui a Eugenio de Blaas (1843-1931) pittore italiano naturalizzato austriaco.

LA COSA DI MINORE RILEVANZA

"AAA Cerco suocero scopo apertura negozio di confezioni. Sono un trentatreenne, noto commesso viaggiatore del settore. No intermediari. J. C. 3378 Exp d. bl. Berlin SW".

Qui non si può neppure dire che questo cerchi una donna. Egli asserisce che desidererebbe unirsi in matrimonio con un negozio ben avviato, anche se il suocero avviato non lo è.

In generale, si direbbe che costui cerchi moglie, perché interessato a mettersi in proprio e, per questo, necessita di un pretesto vivente. Eppure, qui anche questo viene a mancare: infatti, il suocero è l'ultimo esemplare di una forma evolutiva di vecchio stampo, legata a sentimentalismi e che, posta a fianco del valore della merce, prendeva in considerazione anche la donna. Roba passata. Qui si cerca espressamente un suocero. La figlia non ha rilevanza, può essere pure già deceduta; se è presente alle nozze bene, altrimenti fa lo stesso. Lui condurrà con il suocero l'attività e questa è la vera innovazione nel settore confezioni per signora. O meglio, senza signora.

La magnificenza di antichi fasti splende sulla nostra epoca. Dov'è la creatura a cui la sorte ha riservato questo? Forse, pur leggendo l'inserzione, ignora che si stia parlando di lei. Dove vivono le confezioni? Dove vive questo abito confezionato per donna? Dove si trova lei, ditemelo, affinché possa metterla in allarme, possa supplicarla di nascondersi o di porre fine alla sua esistenza, piuttosto che rischiare di finire tra le mani di un cane del genere! Uomini muoiono casualmente e donne generano figli per permettere a due individui di mettere su famiglia. Mai rimpiangere il passato! In questa grande epoca, due indegni farabutti tentano di giungere a patti per rendere da subito morta la vita di una giovane.

Dal Die Fackel dell'ottobre 1915

LA MISCELA EUROPEA

Tre notizie poste una di seguito all'altra riportano le seguenti intestazioni:

Sufficienti scorte di caffè in Germania. In Francia, carenza di latte.

Esagerata richiesta di zucchero in Inghilterra.

"Come, non avete latte? Noi di caffè ne abbiamo d'avanzo". "Di caffè anche noi ne abbiamo, ma voi, di latte ne avete?" "Noi in merito al caffè siamo a posto, ma si dice che voi, a zucchero, ve la passiate male!"

"Il caffè anche da noi non rappresenta un problema, ma lo zucchero? Corre voce che anche dalle vostre parti scarseggi!"

"Malelingue! Voi mancate di latte e non avete zucchero a sufficienza. Noi, invece, abbiamo il caffè".

Dal Die Fackel dell'8 aprile 1916

INTELLETTUALI SOTTO L'AQUILA BICIPITE[70]

"Donauland"[71] è definita la produzione bellica degli inabili alla letteratura, che oggi si preoccupano di dare un'identità al futuro dell'Austria da un ufficio sulla Mariahilferstrasse.

"In questi giorni in cui l'Austria rinnovata emerge da una gloria di fama radiosa, si è tenuti a guardare con particolare favore a una rivista mensile patriottica di recente istituzione, che si spinge al di là delle trite e ritrite... Il primo suo articolo, *Imperatore e imperatrice*, porta la firma del tenente Paul Stefan[72].

Già dalla lettura delle prime pagine, riportata con semplicità e passione, ci scorre innanzi agli occhi l'intera esistenza della nobile coppia. Come una figura luminosa ci saluta l'immagine dell'imperatrice madre, la granduchessa Maria Josefa[73], come un

---

70 Nde. Lo stemma imperiale asburgico consisteva in un'aquila bicipite nera, con le ali aperte, che impugnava nella zampa sinistra uno scettro e una spada, nella destra il globo, simbolo del potere imperiale e militare degli Asburgo. Sul petto era impresso lo stemma dell'Austria, solitamente accompagnato da altri stemmi ai lati, e sul capo portava la corona imperiale austriaca.

71 Nde. Donauland è il titolo di una rivista mensile illustrata, fondata nel marzo 1917 da Paul Siebzert e Alois Veltze come pubblicazione non ufficiale dell'archivio di guerra viennese

72 Nde. Paul Stefan Grünfeld (1879-1943) è stato un giornalista e critico musicale. Dal 1922 al 1927 curò il giornale musicale austriaco Musikblätter des Anbruch.

73 Nde. Maria Giuseppa di Baviera (1739 -1767), moglie di Giuseppe II Sacro Romano Imperatore, acquisì il titolo di Sacra Romana Imperatrice, Regina dei Romani, Arciduchessa d'Austria, Granduchessa di Toscana.

angelo dai riccioli dorati ci sorride, da un irridente divenire, il principe ereditario e, a esempio di umana misericordia, emerge il capo, incredibilmente bello, di Suor Michaela, l'arciduchessa Maria Teresa[74]. Ci è consentito vedere il nostro amato imperatore, quando ancora era principe destinato al trono, sulle montagne di Vielgereuth[75], mentre segue le eroiche imprese compiute dal suo esercito...".

In questo esercito, annovero un paio di conoscenti anch'essi capaci quantomeno di tenere tra le mani una penna, che mai avrebbero scritto un articolo del genere se questo avesse permesso loro di non trovarsi su quelle ridenti alture. Ma questa è un'altra storia. Ognuno segue il suo gusto. Uno si spinge fino a Vielgereuth, un altro resta seduto a *Donauland*, per non mancare all'appuntamento di un'Austria rinvigorita che emerge da una gloria di fama radiosa. Dal fatto, poi, che costui accenni a me sempre con "semplicità e passione" dichiarandosi un mio estimatore nel *Neue Zurcher Zeitung*, non c'è modo di difendersi.

"Una poesia particolarmente apprezzata dal re è di Hans Müller[76] e ha titolo *Sonnambuli*".

Anche a Zurigo di Müller si parla con semplicità e passione; e come di lui anche di me, dell'imperatore e del principe ereditario, che ancora non sa di avere tutte le ragioni per sorridere.

"Degno di considerazione è certamente il volume *Viaggio sul Danubio* di Stefan Zweig"[77].

Dunque, tutto quello che è compreso nei territori correlati al Danubio si ritrova anche nel "Donauland".

---

74 Nde. Maria Teresa d'Asburgo (1717 – 1780) fu arciduchessa regnante d'Austria, granduchessa consorte di Toscana e imperatrice consorte del Sacro Romano Impero in quanto moglie di Francesco I.

75 Nde. Si tratta dell'altopiano di Folgaria, che, nel XIII secolo, era compreso nel feudo vescovile di Beseno, posto sotto il controllo diretto del Principe vescovo di Trento e quindi dell'imperatore d'Austria.

76 Nde. Hans Müller (1882-1950) fu uno scrittore e drammaturgo austriaco.

77 Nde. Stefan Zweig (1881-1942), scrittore, giornalista e drammaturgo austriaco, fu uno degli autori più famosi e prolifici della sua epoca. Tra le sue innumerevoli opere, Paura (1920), Lettera di una sconosciuta (1922), Maria Stuarda (1935).

"Graziosa è la lirica di Rainer Maria Rilke *St. Christophorus*[78]... ma è la poesia di Franz Karl Ginzkey[79] *Aviatore nemico*, la vera regina di questo numero".

Io mi reputo al più un volgare tirapiedi della letteratura. Se fossi un fine poeta come Rilke (che io considero sinceramente tale, anche se la finezza non è valsa a preservarlo dal frequentare cattive compagnie, laddove i miei modi da taglialegna riottoso mi hanno assicurato serenità per il resto dei miei giorni e probabile oblio dopo la morte), se io dunque fossi come lui e vedessi accostare la mia lirica all'elogio del signor Ginzkey, avrei finito per disinteressarmi della letteratura in genere e, nello specifico, del "Donauland". Anzi, per dirla tutta – viste le conduzioni in cui versa –, mi sarei guardato bene dal farne parte.

"Un magistrale racconto di Hermann Bahr[80], *Le sorelle*, è destinato a suscitare grande impressione nei lettori".

Su di me, se anche lo fossi, non farebbe alcuna presa.

"G. M. von Hoen[81] in *La stampa in tempo di guerra* mostra di saper conversare mantenendo inalterato il suo stile brioso".

Ma come è possibile per von Hoen colloquiare e avere un stile brioso? Non è egli un giornalista? E poi in *La stampa in tempo di guerra* non si conversa, la si butta fuori dalla finestra.

Mai mi lascerei sedurre da:

"...una divertente conversazione di Ernst Détsey[82], *Così si vive a Trieste*".

Perché ho già ben noto come si vive a Ganz. In breve:

"L'Austria si muove, una fresca, salutare brezza, burrascosa,

---

78 Nde. Rainer Maria Rilke (1875 1926) è reputato uno dei più importanti poeti in lingua tedesca del XX secolo. Tra le sue opere particolarmente note sono Elegie duinesi (1923) e, in prosa, I quaderni di Malte Laurids Brigge (1910), uscito con Edizioni Clandestine nel 2012.

79 Nde. Franz Karl Ginzkey (1871 -1963), ufficiale austro-ungarico, fu altresì scrittore e poeta.

80 Nde. Hermann Bahr (1863 – 1934), scrittore e critico letterario, contribuì a diffondere in patria le più moderne correnti della letteratura europea, dal naturalismo all'espressionismo.

81 Nde. G. M. von Hoen (1867 – 1940) fu un luogotenente Feldmaresciallo austro-ungherese, nonché storico militare e direttore degli Archivi di guerra di Vienna.

82 Nde. Ernst Décsey (1870 – 1941) fu un giornalista e scrittore austriaco che scriveva con lo pseudonimo di Franz Heinrich.

ma innovatrice, *soffia tra le ali di acciaio dell'aquila bicipite*. Il popolo austriaco guarda fiducioso e speranzoso all'avvenire. Questo primo numero di "Donauland" è quindi ben accetto e inebriante presagio di primavera, perché già a un primo sguardo si colgono i tratti, cari a noi tutti, della coppia reale, la quale deve essere per noi esempio di un cammino verso un nuovo e splendido impero che dovrà appartenere a tutti noi".

Niente può risultare maggiormente commovente dell'abbreviazione del nome di colui che ha redatto l'articolo, cosa che appare come una auto-castrazione operata per porsi, lavorando nelle retrovie, umilmente a servizio della causa. Dato che in una rivista di letterati volontari, stampata a spese dello Stato, viene pubblicato il ritratto dell'Imperatore, uomo che generalmente disprezza i leccapiedi, possiamo guardare con illimitata speranza non solo all'Impero, ma anche al futuro di "Donauland".

Il secondo numero della rivista proporrà il ritratto del poeta Emil Alfons Reinhard. E tuttavia non è consentito chiedere come questo rinnovato radioso Impero utilizzi i proventi delle tasse, né se faccia bene a ingrassare pseudo-intellettuali che, in quanto parassiti del "sentimento verso la patria", perseguono non solo il loro esclusivo tornaconto, ma vogliono pure coesistere con me e le mie posizioni critiche.

Comunque sia, ci tengo ad aggiungere che, se fossi io l'aquila bicipite, non lascerei una simile brezza fluire indisturbata tra le mie ali di acciaio e mi avvarrei di queste ultime per mettere in atto una persecuzione senza precedenti nella storia contro il libero pensiero.

Non auguro al mio peggior nemico e nemmeno al coloro che la descrivono di partecipare all'azione di Vielgereuth. Ciò nonostante, almeno una volta bisognerebbe trovare il coraggio di dire con chiarezza che sono intollerabili certi dolorosi accostamenti e, per quanto mi riguarda, tramite la parola farò quanto nelle mie possibilità per ristabilire il giusto equilibrio. Intendo con questo dire che, finché vivrò, respingerò sempre da me come qualcosa di indigesto il fatto che il pensiero e la nobiltà d'animo, si trovino sempre sotto costante minaccia e che imbrattacarte di scarso

valore siano ricompensati con l'Ordine di Francesco Giuseppe[83].
Coglierò ogni occasione per portare con la mia parola, quantomeno in superficie un po' di sincerità dove esiste lo zelo più sin-
cero.

Il pretesto con cui non si aiutano i buoni, laddove anche i
cattivi soffrano, è il vergognoso corollario di un'ingiustizia che
può ancora essere sanata con qualche buona idea che soccorra i
primi e lasci i cattivi al loro triste destino. Si deve in ogni modo
impedire che insulsi scribacchini dividano le trincee con uomini
di valore: il vergognoso spettacolo, non per il coraggio che non
riconosco ad alcuno, ma per dignità morale, ci deve essere risparmiato!

Genti di quel calibro, anche se non presentano il fisico dei
miei amici cardiopatici e cagionevoli di salute i quali, in quanto
storici, studiosi d'arte, musicisti, filosofi o scrittori, si tengono
ben alla lontana dal "Donauland" -, potrebbero rendersi maggiormente utili come facchini o barellieri, piuttosto che come
letterati, titolo di cui si avvalgono esclusivamente per sottrarsi
alle loro responsabilità. Per cui, devono immediatamente cessare
l'attività che in qualche modo si trovano costretti a svolgere, quella del giornalismo al servizio della gloria. Là, dove giorno dopo
giorno si avverte e cresce la volontà di riforme, non si dà alcuna
importanza a un patriottismo che appare solo come semplice
merce di scambio, né alla morte eroica, concepita come un pretesto per quel tipo di letteratura che, in tempo di pace, ha giocato
invece con snobismi estetici. Chi si oppone allo scandalo di una
"letteratura militare" che cerca soprattutto di "tedeschizzare"
i successi bellici, ha riesumato denominazioni originali e deciso
che Vielgereuth torni a chiamarsi Folgaria. Forse, farà in modo
che anche gli pseudonimi letterari non compaiano più sotto la
bandiera degli Asburgo.

Dal Die Fackel del 10 maggio 1917

---

83 Nde. Si tratta di un ordine cavalleresco creato, nell'ambito dell'Impero Austro-Ungarico,
da Francesco Giuseppe nel 1849, per commemorare il primo anniversario della propria inco-
ronazione e ascesa al trono.

RISPARMIATE I BAMBINI!

"Risparmiate i bambini", si legge in tutte le strade svizzere. Al contrario, i temi di tedesco, assegnati a piacere nella Kaiser KarlsRealschule di Vienna, terzo distretto, hanno questi titoli:

Classe quinta B: Una gita. Seconda opzione: Gli strumenti bellici dell'epoca moderna.

Classe sesta A: Perché si definisce *Minna von Barnhalm*[84] una commedia tipicamente tedesca? Seconda opzione: Resistere! Riflessioni a seguito dell'ottava battaglia dell'Isonzo[85]. Terza opzione: Passeggiata autunnale. Quanto può il clima interferire sullo sviluppo spirituale dell'umanità? Quarta opzione: La nostra lotta con la Romania. Quinta opzione: Le principali figure nell'*Egmont* di Goethe[86]. Sesta opzione: L'inasprimento della guerra dei sottomarini. Settima opzione: Destino umano! Quanto sei assimilabile alla brezza! (Goethe). Ottava opzione: Noi e i turchi, ieri, oggi, domani. Nona opzione: Le mie impressioni trovandomi innanzi al monumento di Radetzky[87]. Decima op-

---

84 Nde. Minna von Barnhelm ovvero La fortuna del soldato è una commedia in cinque atti, scritta nel 1763 da Gotthold Ephraim Lessing e rappresentata nel 1767 ad Amburgo.

85 Nde. Il 10 ottobre 1916, nel corso della Prima guerra mondiale, iniziò sul Carso, lungo il confine italo-austriaco, l'ottava battaglia dell'Isonzo tra italiani e austriaci. Tra il giugno del 1915 e il novembre 1917 furono combattute in quell'area 12 battaglie.

86 Nde. Egmont, tragedia scritta da Goethe (1749 – 1832) nel 1788, racconta l'eroico sacrificio del Conte fiammingo che, nel 1568, si oppose alla sanguinosa repressione spagnola guidata dal Duca d'Alba nei Paesi Bassi. Nel 1909 fu musicata da Beethoven, grande ammiratore di Goethe.

87 Nde. Josef Radetzky (1766 – 1858) fu un feldmaresciallo austriaco. In suo onore, Johann

zione: La Britannia fa avanzare la sua flotta mercantile come un polipo i suoi tentacoli, per fare del regno della libera Anfitrite[88] la sua casa. (Schiller).

Classe sesta B: Quale dei nostri nemici considero più meritevole di essere odiato?

E la relazione annuale, riporta:
Dalla contessa Bienerth-Schmerling[89] sono state donate alla biblioteca scolastica due copie dell'opera della Schalek[90], *Tirolo in armi*, e una copia è stata donata alla biblioteca insegnanti dall'autore stesso.

Io neppure oggi sarei in grado di descrivere una gita o una passeggiata autunnale e mi è di conforto la consapevolezza che forse neanche Goethe sarebbe stato capace di comporre un tema dalla sua citazione: "Destino umano! Quanto sei assimilabile alla brezza!"

In merito, poi, alla domanda, quanto le condizioni climatiche possano influire sullo sviluppo spirituale dell'umanità, si potrebbe rispondere che, in generale, deve esserci sempre stato un tempo pessimo, se ha portato l'umanità a distruggersi a vicenda per possedere di più, inducendo i superstiti a rapinarsi reciprocamente per non morire di fame e lo Stato a giustiziare le vittime e lasciare impuniti gli usurai.

Strauss compose una marcia militare, divenuta celebre come La marcia Radetzky, per celebrare la riconquista austriaca di Milano dopo i moti rivoluzionari in Italia del 1848.

88 Nde. Anfitrite, era figlia della divinità marina Nereo e di Doride e quindi una delle cinquanta Nereidi che facevano parte della corte di Poseidone, di cui divenne la sposa. Fu lei, per gelosia, a trasformare Scilla, una ninfa di cui Poseidone si era invaghito, in un mostro con dodici piedi, sei lunghissimi colli e sei teste, dalle cui bocche uscivano insistenti latrati. Schiller cita il libero regno di Anfitrite ne L'addio al secolo.

89 Nde. Il riferimento è alla moglie di Richard Joseph Anton Karl von Bienerth-Schmerling (1863 – 1918), Primo ministro dell'impero austroungarico, nominato conte da Francesco Giuseppe nel 1915, non appena giunse al pensionamento.

90 Nde. Alice Schalek (1874 1956) fu l'unica donna che l'Ufficio Stampa di Guerra dell'esercito austro-ungarico accreditò come giornalista sul fronte italo-austriaco. Tra i suoi scritti, oltre al sopra citato Tirolo in armi (1915), si ricordano Isonzofront, marzo-luglio 1916 (1916), Il grande giorno, 1930.

E tuttavia, nello specifico, potrei dire che il nostro clima deve essere particolarmente nefasto, se la crescita cultuale deve essere valutata non solo dalla situazione bellica, ma anche dal sistema idiota e scoraggiante dei compiti scolastici di tedesco; sistema che, come apprendo da questi esempi, negli ultimi tre decenni non ha fatto alcun passo avanti. Forse per colpa di quella scemenza a cui l'epoca più grandiosa di tutte piega anche la pedagogia. Così, si concedono delle alternative e il bambino, a seconda che per indole propenda più al pacifismo o all'annessionismo, potrà scegliere tra una gita e i mezzi bellici di epoca moderna. Per quale motivo *Minna von Barnhelm* sia da prendere a modello della commedia tedesca è una domanda che, fin dall'infanzia, grava su di me come un incubo: ho l'impressione che essa non abbia ancora trovato una definitiva risposta, né da sciocchi giovinetti, né da anziani dediti alla letteratura. Per cui io lo eviterei con cura per dedicarmi a *Resistere!*, per quanto la bocciatura dovrebbe essere, oggi come una volta, la preoccupazione maggiore di un cuore di ragazzo.

Se poi frequentassi la sesta A, al posto della *passeggiata autunna-*

le, per tinteggiare la quale ci vorrebbe un vero e capace poeta, propenderei per *Riflessioni a seguito dell'ottava battaglia dell'Isonzo*, così finirei il compito in anticipo su tutti i mie compagni perché, concentrando tutto il mio intimo sentire, sotto il titolo riporterei semplicemente "Basta!"

Per *La nostra guerra contro la Romania*, tema su cui mi butterei con sacro zelo, fuggendo il clima, scriverei: "Domandatelo alla Schalek!"

Dovendo poi scegliere tra *Egmont* e *la guerra sottomarina*, in tutta confidenza vi dico – sperando che i servizi segreti non vengano a saperlo che preferisco *Egmont*: noi tedeschi dovremmo imporci al mondo più con questo che non con la guerra sottomarina. In ogni caso, si tratta di punti di vista, ma non si può paragonare un fatto eroico, nonostante il suo carattere tragico, con un dramma ed è certo – sempre in confidenza che preferisco *la guerra sottomarina* ai *Re di Hans Müller*[91], i quali possono

91 Nde. Hans Müller-Einigen, (1882 – 1950), è stato uno scrittore, commediografo e li-

essere sottratti non a Uhland[92], ma sicuramente a me.

Costretto a scegliere tra *il destino degli uomini accomunato alla brezza* e *il rapporto tra noi e i turchi ieri, oggi, domani*, li prenderei entrambi, perché avrei l'impressione che, fondendoli in un solo componimento, potrei ricavarne qualcosa di sublime. Quanto all'ulteriore possibilità, rigetterei la frase di Schiller *sui rapporti dell'inglese con Anfitrite* motivandola con il fatto che, estrapolata dal contesto, il secolo nascente in una strage di popoli, essa pare più una frase di Wolff[93]. In questo modo dimostrerei all'insegnante di tedesco che ne conosco anche le strofe iniziali e quelle finali e non solamente la parte centrale citata.

Piuttosto che costringere i ragazzi a riflettere su un frase di Schiller male interpretata, lo pregherei di assegnare il seguente tema, perché contiene in sé la giusta sintesi di quel testo: *Dio punisca l'Inghilterra*. Per quanto riguarda, invece, *I miei pensieri davanti alla statua di Radetzky*, non lo rifiuterei a priori, perché ricavo impressioni del tutto personali ponendomi innanzi a quella scultura. Quali? Per esempio, che vi sono passati davanti, più spesso di quanto fosse conveniente alla reputazione di Radetzky, Eisig Rubel[94] e altri vecchi austriaci. Questo, nonostante uno dei loro difensori, un autentico patriota, la pensi diversamente da me, dato che ha richiesto per Rubel l'assoluzione e per Josef Franz[95] un monumento che non è stato mai concesso perché la piazza era già occupata da Radetzky. Se l'insegnante di tedesco mi negasse il massimo dei voti per lo svolgimento di questo tema, proverei per la guerra un improvviso disgusto. Già, resta ancora un tema assegnato alla VI B, che io svolgerei per eccesso di zelo: *Quale dei nostri nemici ritengo più meritevole di odio?* In tal caso, mi aiuterei

---

brettista austriaco.

92 Nde. Johann Ludwig Uhland (1787 – 1862), scrittore tedesco, è considerato uno dei maggiori poeti della scuola sveva.

93 Nde. Christian Wolff (1679 – 1754) fu un filosofo e giurista tedesco, le cui idee rappresentarono il culmine del razionalismo illuministico della Germania.

94 Nde. Eisig Rubel, ebreo, si dedicò durante la Prima guerra mondiale al traffico illegale di bevande alcoliche, attività per la quale fu processato nel 1917.

95 Nde. Si tratta di un un avvocato nonché industriale viennese noto al tempo.

copiandolo da Lissauer[96], che certamente sa di ogni cosa e già ha pronto il pezzo. Durante un'eventuale prova orale, non riuscirei a fare a meno di suggeritori come Strobl[97], il quale siede di fianco a me e, trasudante di patriottismo, sussurra: "Il traditore al Po!"

O di Kernstock[98], studente modello, che esclama: "I frutti italiani!" e altri che sibilano: "I Katzelmacher[99]".

Solo una voce – è della Schalek, alla quale si è consentito di entrare a far parte della classe maschile – grida estasiata: "Lo so io! Quel Kraus del *Fackel*!"

Poi, però, alza la mano, perché vuole uscire per raggiungere l'uomo qualunque al fronte, l'eroe anonimo per combattere al suo fianco. Nel frattempo, io mi sono addormentato e sogno non la scuola, ma una stanza per bambini, dove si gioca alla guerra e i partecipanti mostrano la lingua alla morte. Informo di tutto questo la Società che tutela l'infanzia, alla quale devolvo il compenso che mi è riconosciuto per la mia attività di conferenziere, ragione per cui ha degli obblighi verso di me. Essa dovrebbe proteggere i bambini dalle bombe e dai compiti in classe. E, poiché improvvisamente, invece della campanella, si avverte un colpo dicannone, io mi desto e mi getto sul professore di tedesco: voglio dialogare con lui in una lingua che gli è ignota, vale a dire il tedesco; gli chiedo se gli è indispensabile per ragioni di lavoro o se desidera giustificare con un'esperienza le mine che colloca nei cuori dei ragazzi e decidere di persona sulle questioni che pone

---

96 Nde. Ernst Lissauer (1882-1937) fu un poeta tedesco di origini ebraiche, ricordato in particolar modo per il suo Inno d'odio contro l'Inghilterra, scritto nel 1914 e usato come propaganda tedesca durante la Prima guerra mondiale.

97 Nde. Karl Hans Strobl (1877-1946) fu uno scrittore austriaco, nonché funzionario statale, corrispondente di guerra ed editore della rivista Der Turmhahn.

98 Nde. Ottokar Kernstock (1848 – 1928) fu un poeta e sacerdote austriaco, animato da un profondo spirito patriottico. Autore dell'inno austriaco valido dal 1918, Sei gesegnet ohne Ende, le sue poesie descrivevano le azioni eroiche di uomini tedeschi del passato e del suo presente.

99 Nde. Si tratta di un termine dispregiativo con cui, nell'area germanica, ci si riferiva agli italiani e che significava letteralmente "riproduttore di gattini" da intendersi come popolo eccessivamente prolifico. L'etimologia corretta indicava però il "fabbricante di cazze", artigiano proveniente per lo più dalla Val Gardena, specializzato nella produzione di mestoli (Gatzeln) in legno e in rame.

alle creature più inermi, vale a dire quale dei nostri nemici è più
meritevole di odio, stando in una trincea, in cui giunge al suo
orecchio il fragore della battaglia.

Dal *Die Fackel* del 9 ottobre 1917

IN DOWNING STREET NON C'È IL BAGNO

Durante l'estate trascorsa in Valle Orbe[100] mi sono giunte poche baggianate e addirittura non ne ho letta quasi nessuna. Ma tra i molti gentili regali, ricevuti da mani troppo premurose che mi attendevano sulla scrivania, quello di seguito è uno dei più squisiti. Già il titolo mi aveva strappato un mezzo sorriso:

"In Downing Street non c'è il bagno. È noto che in Downing Street, una strada vicina a Westminster, si trova un imponente edificio, dove il Presidente dei ministri in carica ha la sua residenza ufficiale. Il signor Asquith[101] vi ha trascorso con la famiglia ben nove anni e il signor David Lloyd George[102], attuale primo ministro di Giorgio V[103], si è recentemente trasferito con i familiari nei locali completamente rinnovati. Nell'occasione, la signora Lloyd George ha fatto una sorprendente scoperta che il monumentale palazzo non dispone di un bagno. I primi ministri inglesi che da oltre un secolo risiedono in Downing Street o

---

100 Nde. Si tratta di un comune svizzero del Canton Vaud, situato nel distretto del Jura-Nord vaudois.

101 Nde. Herbert Henry Asquith (1852-1928) fu un politico inglese, Primo ministro dal 1908 al 1916, quando fu rimpiazzato, per alcuni insuccessi militari e politici nel corso della Prima guerra mondiale, con David Lloyd George.

102 Nde. David Lloyd George (1863-1945) fu tra i responsabili dell'assetto mondiale al termine della Grande Guerra.

103 Nde. Giorgio V (1865 – 1936) fu re di Gran Bretagna e Irlanda e dei Domini britannici d'oltre mare, nonché imperatore delle Indie dal 1910 alla sua morte.

hanno dovuto fare a meno del lusso di un bagno in casa e si sono adattati a recarsi di frequente ai bagni pubblici".

Io non so se in Parlamento vi sia o non vi sia un bagno, ma la mia immaginazione gode al pensiero che l'edificio sede del più sporco giornale costituzionale del pianeta sia costretto a una doccia fredda. La semplice alternativa con la quale, per mezzo della scarsa igiene dei lord che si protrae da più di cento anni, si spiega la lercia politica inglese o l'obbligo, insopportabile per i liberi inglesi, di frequentare un bagno pubblico, è davvero commovente. Dal titolo si sarebbe creduto che le limitazioni della guerra avessero persuaso chi di dovere a eliminare i bagni in Downing Street. Ma in realtà non è così, anche senza i noti soprusi rabbinici che privano gli inglesi di ogni vantaggio concesso loro dai lettori della *Neue Freie Presse*, con semplice concretezza qui si vuota la vasca con il bambino dentro, accusando i Premier inglesi di non lavarsi da oltre cento anni. Il solo Asquin e i suoi cari per ben nove anni non hanno potuto farsi un bagno. Del fatto che si siano tutti quanti recati in un bagno pubblico non è mai stata data notizia.

Dalle parole del cronista traspare tutta la sadica gioia derivante dalla scoperta della signora Lloyd-George che pare avere un occhio particolare per cogliere gli inconvenienti. Di tutte le piaghe, con le quali il dio tedesco e Jehova puniscono l'Inghilterra, finalmente una è stata lavata, perché ricade indietro nel tempo fino alla terza-quarta generazione e colpirebbe anche i figli dei figli, se la moglie dell'attuale premier non avesse appurato e messo in risalto la questione, anche se, grazie al Cielo, non si dice come sia possibile, pur volendo, porre rimedio alla cosa.

Un'ulteriore scoperta – purtroppo per gli inglesi vale la regola che le disgrazie non vengono mai da sole – attesta che in Downing Street non è disponibile neppure un wc. È stata fino ad oggi risparmiata a noi e alla signora Lloyd George. Ma questo si appurerà in seguito.

Sui politici inglesi, ricade adesso la vendetta per l'insistenza con cui, in tempo di pace, a Marienbad, essi vennero perseguitati dai rappresentanti della *Neue Freie Presse*, fino sulla soglia dei locali interdetti al pubblico. Nelle stanze dell'entente piove e Poincaré[104] si agita nel suo letto. Lloyd-George non dispone di un bagno o, come conclude l'articolo di fondo, "inglesi e tedeschi si incontreranno a Stoccolma". L'obiettività della nostra indegna stampa non ha taciuto che meglio sarebbe stato vedersi a Pietroburgo.

Almeno una zarina disponeva di un bagno con tanto di vasca annessa, anche si trovava costretta a dividerla con Rasputin[105].

Dal Die Fackel del 9 ottobre 1917

---

104 Nde. Raymond Poincaré (1860 – 1934) fu Presidente della Repubblica francese durante la Prima guerra mondiale e, in seguito, coprì la carica di Primo ministro.

105 Nde. Grigorij Efimovic Rasputin (1869 – 1916) fu un mistico russo, consigliere privato dei Romanov, che influenzò fortemente le decisioni di Nicola II di Russia nel corso della Prima guerra mondiale.

DI NOI NIENTE CONOSCONO

"Molti inglesi non erano a conoscenza del fatto che esistesse una Bukovina[106]. Sapevano meno di Cernivci[107] che dell'Australia e, malgrado ciò, il nome di questa città divenne improvvisamente popolare nel Regno Unito....".

In verità è da ritenere una lodevole aspirazione quella di non sapere niente della Bukovina. Questa è la ragione per cui ho sempre invidiato le campanule. Che gli inglesi sapessero di Cernivci meno che dell'Australia nulla toglieva al loro patriottismo.

D'altronde, gli americani sono certamente più ignoranti perché non solo non hanno la più pallida idea di dove si trovi Cernivci ma, come è ben noto, credono Vienna la capitale dell'Australia. È innegabile il fatto che molti popoli barbari dell'*entente* siano venuti a conoscere della nostra esistenza solo in seguito ai nostri successi. Infatti, mentre noi eravamo intenti a promuovere il turismo, gli stranieri facevano opera di disconoscimento ignorandoci e Vienna, la capitale mondiale del *Vormärz*[108], dopo che sono

---

106 Nde. La regione storica della Bucovina è un territorio oggi diviso tra Romania (Bucovina del Sud) ed Ucraina (Bucovina del Nord), che fa parte della regione geografica della Moldavia. Nel 1918, dopo la Prima guerra mondiale, la Bucovina, insieme alla Bessarabia e alla Transilvania, entrò a far parte della Grande Romania, finché, nel 1940, l'Unione Sovietica si impadronì della Bucovina settentrionale.

107 Nde. Cernivci è una città della Bucovina settentrionale, definita la "piccola Vienna" per via della sua passata appartenenza all'impero austro-ungarico.

108 Nde. Nella storia germanica con il termine Vormärz, letteralmente "prima di marzo", s'intende la fase politica, sociale e culturale antecedente alle rivolte borghesi e contadine che, nel marzo 1848, come risultato degli eventi insurrezionali verificatisi a Parigi nel febbraio

stati inventati i ritardi ferroviari non esercita più alcuna attrattiva sui turisti anglosassoni. Appurato poi, che il "Café Westminster" ha mutato nome in "Café Westmunster" e il produttore di solini[109], una volta fornitore della flotta inglese, si definisce in generale "fornitore della marina" – e si riterrebbe in imbarazzo a dettaglia re di quale marina o flotta si tratta – nei lord inglesi, è ovvio, come venga meno ogni interesse a visitare Vienna.

In tal modo, il solco tracciato tra noi diviene più marcato e invalicabile di quanto non fosse prima della guerra.

Poco prima che questa avesse inizio, venne pubblicata a Parigi una rivista in cui compariva un ungherese. Ma i francesi cosa conoscono degli ungheresi? Meno di quanto sanno degli algerini. L'ungherese in questione indossava un frac rosso allacciato davanti da una *Marcia di Rakoszy*[110], perché all'estero essere ungheresi significa appartenere a un'orchestra zigana o da "salotto". E tuttavia, dato che nella rivista doveva comparire anche un austriaco, la regia fece quello che poteva.

Cosa conoscono i francesi di Vienna? Assai meno di quanto hanno notizia del Madagascar. Degli austriaci poi sanno che in Germania sono ritenuti al più capo camerieri o librettisti, che sono parenti stretti e vicini degli ungheresi e che portano il cilindro. Così anche l'austriaco venne presentato in frac rosso e con gli alamari alla Rakoszy, ma con in testa il cilindro che lo rendeva distinguibile dall'ungherese.

Grazie a questo accorgimento, l'essenza del poliedrico carattere austriaco era rappresentata in maniera geniale. Certamente

---

dello stesso anno, aprirono la strada al tramonto dell'antico regime e, dunque, alla formazione di governi liberali. Nella Vienna del Vormärz, allorché amare, bere, cantare, danzare, costituivano le principali preoccupazioni del popolo, figure come Johann Wolfgang von Goethe, Johann Gottlieb Fichte, e Johann Gottfried von Herder promulgavano il nazionalismo Romantico.

109 Nde. Si tratta di ampi baveri azzurri listati di bianco, caratteristici dell'uniforme dei marinai.

110 Nde. È un popolare inno ungherese, di origine incerta, successivamente ripreso da Berlioz e da Liszt, che deve il suo nome a Francesco Rakóczy II, capo dell'insurrezione scoppiata in Ungheria nel 1703 contro il despotismo di Leopoldo I, e, dal 1704, principe di Transilvania.

i francesi non sarebbero capaci di cogliere da uno stato pluralistico la singolarità di Cernivci. Ma cosa conoscono i francesi di questa città? Meno di quanto sanno dell'Alsazia-Lorena!

Dal Die Fackel del 9 ottobre 1917

LA NOSTRA PALLADE ATENA[111]

"Ieri mattina, un soldato dal tram ha esploso due colpi contro la statua di Pallade Atena che si trova di fronte al Palazzo del Parlamento. L'uomo è stato immediatamente disarmato da due suoi commilitoni e da un ufficiale. Il soldato, con molti probabilità impazzito…".

Queste sono faccende che mettono in agitazione. Io non sono stato in guerra e non porto armi con me. Eppure, tutte le volte che vedo la Pallade Atena così indifferente a quanto avviene in Parlamento e nella società civile, così ritta, monumento al senso estetico dei viennesi, dall'aspetto ancora piacente di una portinaia della Camera, personificazione di un'idea o di qualcosa del genere, ragione per cui la maggioranza dei passanti è convinta si tratti di Germania o di Austria e i meno colti che sia una "palazzatena" (tanto che in verità starebbe bene davanti al Burgtheater, perché ha il medesimo aspetto della raffigurazione ideale del dottor von Millenkovich[112] in vesti classiche) – insomma, tutte le volte che la vedo, mi domando: che ne è stato degli operai che nell'ultimo

---

111 Nde. La dea Atena è conosciuta spesso col nome di Pallade Atena.
Apollodoro racconta che Atena, nata da Zeus e allevata dal dio-fiume Tritone, ancora fanciulla, uccise accidentalmente la sua compagna di giochi Pallade, figlia del fiume Tritone, mentre era impegnata con lei in uno scherzoso combattimento, armata di lancia e di scudo. In segno di lutto, Atena aggiunse il nome di Pallade al proprio e, in suo onore, edificò il Palladio.
112 Nde. Max von Millenkovitch (1866 – 1945), pseudonimo di Max Morold, fu un librettista austriaco, direttore del Burgtheater di Vienna dal 1917 al 1918.

decennio dello scorso secolo si affannarono a rizzarla?

Certo, gli italiani con il loro Colleoni se la sono svignata, ci hanno temuto oltremisura. Così alla nostra Pallade Atena non può capitare niente, su questo non abbiamo di che preoccuparci, sta qui, al sicuro da esplosivi e pallottole... E se adesso un nostro concittadino si è lasciato andare al punto da spararle, si tratta senza ombra di dubbio di un folle; a gente di tal fatta non deve essere permesso di avvicinarsi ai nostri tesori artistici, bisogna mandarla al fronte, in questa guerra mondiale quantomeno la Pallade Atena ne esca salva, anche se non sarebbe male...

E così tutte le volte che la vedo, che vedo quello che le accade tutt'intorno, compulsivamente rimpiango di non avere con me un'arma!

Dal Die Fackel del 23 maggio 1918

UNA LETTERA DI ROSE LUXEMBURG[113]

Dedico alla memoria della più nobile tra le vittime la lettera che Rose Luxemburg scrisse dal carcere femminile di Breslavia a Sonja Liebknecht[114] nel dicembre del 1917.

"È ormai un anno che Karl si trova nel carcere di Luckau. Durante questo ultimo mese ho pensato a questo spesso: solo un anno fa, Lei si trovava a casa mia e ricordo con piacere quel bellissimo albero di Natale di cui mi fece dono. Quest'anno sono riuscita a procurarmene uno, ma scadente e privo di alcuni rami. Ovviamente non è paragonabile a quello dello scorso anno. Non so se riuscirò ad appenderci le otto piccole luci che mi sono state concesse. Questo è il terzo Natale che trascorro in carcere, ma non prenda la cosa sul tragico. Io sono serena, come lo sono sempre stata. Ieri sono rimasta lungamente insonne – è da tempo che non riesco a prendere sonno prima dell'una, anche se sono costretta a coricarmi alle dieci.

---

113 Nde. Rose Luxemburg (1870 – 1919) fu una rivoluzionaria polacca, teorica del socialismo. Nel 1889 fu costretta all'esilio per motivi politici e, a Berlino, aderì al Partito socialdemocratico, divenendo la principale esponente dell'ala di sinistra. Il 28 giugno 1916, la Luxemburg, assieme a Karl Liebknecht, venne arrestata dopo il fallimento di uno sciopero internazionale e condannata a due anni di reclusione. Scrisse diversi articoli, fra cui la cosiddetta Juniusbroschüre (1915), in cui espresse il noto ultimatum "socialismo o barbarie" e La Rivoluzione Russa (1918). Fu uccisa nel 1919 durante la repressione, insieme a K. Liebknecht.

114 Nde. Sonja Liebknecht (1884 – 1964), socialista e femminista tedesca, nata in Russia, fu la seconda moglie di Karl Liebknecht e intima amica di Rose Luxemburg.

Ieri dunque riflettevo su quanto sia paradossale che io trascorra le mie giornate in una lieta ebbrezza, senza che ve ne sia ragione. Per portare un esempio: sono confinata in questa buia segreta, costretta a stendermi su un materasso granitico, intorno a me regna un perenne silenzio tombale, tanto che pare di trovarsi anzitempo in un sepolcro; dalla finestra si staglia sulla coperta il riflesso del lampione che arde l'intera notte davanti all'istituto di pena. Di tanto in tanto, si avverte, smorzato, in lontananza, lo sferragliare di un treno in transito o, nelle vicinanze della finestra, lo strascicare dei piedi del secondino che, per riattivare la circolazione delle gambe, muove un paio di passi con i suoi pesanti stivali. Sotto questi passi, la sabbia si sgretola con una tale disperazione che tutto il vuoto e l'inesorabilità dell'esistenza echeggiano nella tenebra umida. E io giaccio sola, avvolta nei molteplici panni neri donatimi dall'oscurità, dalla noia – anche se il mio cuore batte di un'intima gioia sconosciuta, inspiegabile, che fa sì che io mi senta come se camminassi su un prato fiorito nella chiara luce del sole. Così, nel buio, io sorrido alla vita, come se fossi consapevole di un tragico segreto che vanifica il male e la malinconia, mutandoli in felicità.

Invano, cerco un motivo per questa gioia e, non ravvisandone alcuno, sorrido. Immagino che il segreto sia riposto nella vita stessa: a saperle interpretare, le profonde e gelide notti trascorse qua dentro celano a loro modo un fascino ammaliante. Persino nel frusciante scricchiolare della sabbia sotto i passi lenti e pesanti dell'uomo di piantone, a saperlo ascoltare, si avverte un tenue e dolce inno alla vita. Così, io penso a Lei e quello che maggiormente desidero è trasmetterle la chiave magica, perché possa cogliere, sempre e in ogni circostanza, anche avversa, la meravigliosa bellezza della vita, affinché pure Lei possa vivere di questa mia ebbrezza e camminare come me, poggiando i piedi su un prato fiorito. Non è certo mia intenzione proporle una qualche forma di ascetismo o una felicità legata alla sfera onirica. Quello che mi auguro per lei sono concrete e reali gioie dei sensi, a cui vorrei solamente aggiungere la mia inesauribile serenità interiore, per sentirmi certa che Lei pure affronti la vita avvolta in un mantello di stelle, che valga a proteggerla da ogni cattiveria, volgarità e angoscia.

Nel parco di Steglitz, Lei ha raccolto un bel cesto di bacche nere e rosa-violetto. Per quanto riguarda quelle in tinta scura, potrebbe trattarsi di sambuco – i suoi frutti pendono in pesanti e fitti corimbi tra grandi foglie pennate che anche Lei certamente conosce – o di ligustro: esigue, fragili pannocchie, tra foglie sottili e lanceolate. Le bacche rosa-violetto, celate nell'esiguo fogliame, potrebbero essere quelle del nespolo nano; in verità sono cremisi, ma durante questa stagione avanzata sarebbero fin troppo mature; in via di putrefazione si mostrano di un rosa-violetto, le foglioline rassomigliano a quelle del mirto, piccole e aguzze alla sommità, di un verde cupo nella parte inferiore e simili al cuoio in quella in alto.

(Sonjusa, può spedirmi o incaricare qualcuno di farmela avere, *Die Verhängnisvolle Gabel* (*La forchetta fatale*) di Platen[115]? Karl, quando ancora si trovava a casa, in un'occasione mi aveva accennato di averla letta. Le liriche di George sono splendide: adesso so da dove proviene il verso... *e nel fruscio del grano rosso-dorato* che Lei spesso citava durante le nostre passeggiate nei campi. E, nell'occasione, può ricopiarmi anche *Il nuovo Amadis*[116]? Adoro questa poesia – naturalmente grazie alla canzone di Hugo Wolf[117] – e non l'ho con me. Lei prosegue nella lettura de *La leggenda di Lessing*[118]? Per quanto mi riguarda, ho ripreso la storia del materialismo di Lange[119], un volume che mi stimola e mi rinfranca. Desidererei vivamente che anche Lei potesse leggerlo).

Sonicka, ciò che qui mi procura maggiore dolore è veder giun-

---

115 Nde. August, conte von Platen-Hallermünde (1796-1835), poeta e drammaturgo tedesco, trascorse in Italia diversi anni. La forchetta fatale (1826) è una delle sue commedie.

116 Nde. Il nuovo Amadis, poema pseudo-cavalleresco, fu scritto nel 1771 da Christoph Martin Wieland (1733 – 1813), scrittore, poeta, editore e traduttore tedesco.

117 Nde. Hugo Wolf (1860 – 1903) fu un compositore austriaco, autore dell'opera Il Corregidor, tratta dal romanzo Il cappello a tre punte di Pedro Antonio de Alarcon.

118 Nde. La leggenda di Lessing, di Franz Mehring (1846 – 1919), occupa un posto di primo piano nella letteratura marxista, non solo per il suo alto valore scientifico, ma per l'importante contributo dato alla revisione critica di una serie di fondamentali questioni di storia tedesca.

119 Nde. Friedrich Albert Lange (1828-1875) fu un filosofo e sociologo tedesco. La storia del materialismo costituisce la sua opera principale.

gere frequentemente nel cortile dove mi è consentito passeggiare carri militari carichi di giacche e camicie lise, spesso imbrattate di sangue. Ogni capo di vestiario viene qui scaricato e, una volta rattoppato da noi carcerati, rispedito ai soldati. Pochi giorni or sono, è arrivato uno di questi carri, ma invece di essere trainato da cavalli, aveva attaccati dei bufali. Era la prima volta che vedevo dal vivo questi animali. Sono di costituzione più robusta e di maggiore stazza se paragonati ai nostri buoi, hanno la testa e le corna piatte rivolte all'indietro e grandi e languidi occhi neri. Sono stati razziati durante la campagna militare e provengono dalla Romania. I militari alla guida di questi carri dicono che non è stato facile catturare questi animali selvaggi e ancora di più avviarli al trasporto, dato che erano avvezzi alla libertà. Per abituarli si è reso necessario bastonarli a lungo, perlomeno fino a quando ci si è avvisti che l'unica parola valida è *vae victis*[120].

Pare che solo a Breslavia ve ne sia un centinaio, proveniente dai ricchi pascoli della Romania, che adesso riceve scarso e scadente foraggiamento. Sfruttati senza scrupolo come bestie da traino, hanno vita breve. Come dicevo, alcuni giorni or sono è giunto fino a noi uno di questi carri, carico di sacchi talmente ingombranti e pesi che i bufali non riuscivano neppure a superare il cancello d'ingresso. Il soldato che li accompagnava, un individuo brutale, prese a picchiare gli animali con il manico della frusta con una tale violenza che una sorvegliante, indignata e mossa a misericordia, gli chiese se non avesse cuore! E lui, con ghigno malvagio: "Forse verso noi uomini qualcuno mostra benevolenza?"

Detto questo, aumentò l'intensità delle percosse finché le bestie, stremate, riuscirono a varcare il cancello: una di quelle perdeva sangue a fiotti...

Sonicka, la pelle dei bufali è notoriamente spessa e resistente, ma ciò nonostante si era in più punti lacerata. Mentre gli uomini scaricavano i sacchi, le bestie, sfinite, stavano quiete e una, quella

---

120 Nde. Questa esclamazione fu attribuita da Tito Livio negli Annali (V, 48) e da altri storici romani a Brenno, capo dei Galli Senoni, nel momento in cui invasero Roma nel IV sec. a. C. Letteralmente significa "guai ai vinti" ed è frequentemente utilizzata per sottolineare il crudele accanimento dei vincitori innanzi ad avversari ormai inermi.

che rilasciava sangue, guardava fisso davanti a sé con l'espressione corrucciata e dolce di un bambino in lacrime. Era veramente l'espressione di un bimbo che, severamente punito, non ne comprende la ragione e non sa come sottrarsi a un male che reputa ingiustificato...

Io mi trovavo lì, la bestia mi osservava e le lacrime che mi imbrattavano il viso erano le sue – non si può piangere con maggiore dolore per un fratello caro di quanto piangessi io, impotente, di fronte a quella sua silente sofferenza. Come erano lontani, irraggiungibili e perduti i liberi, verdi e ricchi campi della Romania! Come in altro mondo splendeva il sole, si alzava il vento, come diverso si presentava il cinguettare degli uccelli e il melodioso richiamo dei contadini! E qui questa orribile terra straniera, una stalla tetra, un ripugnante fieno stantio miscelato con paglia e uomini tremendi, percosse, sangue che scende da ferite fresche che mai potranno rimarginarsi... Povero bufalo, mio povero amato fratello, ci troviamo qui entrambi impotenti, uniti nel dolore e nella nostra fragilità, uniti nella malinconia. I carcerati si affannavano attorno al carro, scaricavano i pesanti fagotti, li trascinano all'interno, mentre il soldato cattivo, le mani in tasca, percorreva a lunghi passi il cortile fischiettando un motivetto popolare. E allora, tutta la gloriosa guerra, mi scorse davanti agli occhi...

Sonjusa cara, nonostante tutto, mantenetevi tranquilla e serena.

Questa è la vita e bisogna accettarla con coraggio perché essa necessità di essere affrontata sorridendo a prescindere.

Dal Die Fackel del luglio 1920

UNA DONNA PRIVA DI CUORE RISPONDE A ROSE LUXEMBURG

Esimio signor Kraus,

mi è capitato casualmente per le mani l'ultimo numero del suo giornale (a cui ero abbonata fino allo scorso 4 febbraio) e vorrei poter replicare a quanto scritto in alcuni punti da quella Rosa Luxemburg che Lei ammira particolarmente. La mia lettera, mi spiace, ma le preannuncio che non le risulterà altrettanto gradita. Ma veniamo al punto: la lettera della Luxemburg è veramente *bella* e *commovente* e concordo pienamente con lei che potrebbe figurare come brano di studio nelle scuole elementari e medie, laddove corredata di un'introduzione di considerazioni didattiche, su come sarebbe stata più serena e ridente l'esistenza della Luxemburg se, invece di fomentare disordini, si fosse impiegata come inserviente in un giardino zoologico o in attività affini. *In tal caso probabilmente le sarebbe stata risparmiata la pena detentiva.* Inoltre, appurate le sue conoscenze botaniche e la sua passione per i fiori, avrebbe in ogni caso trovato un'*appagante e remunerativa occupazione anche in un vivaio di grandi dimensioni, senza trovarsi a saggiare quotidianamente la durezza del calcio dei fucili.*

Quanto alla *toccante* descrizione del bufalo, sono certa che ha raggiunto lo scopo di sollecitare oltremisura le ghiandole lacrimali delle mogli annoiate dei commendatori e dei giovani esteti di Berlino, Praga e Dresda. *Ma chi, come me, è cresciuta in una grande tenuta dell'Ungheria meridionale e conosce dall'infanzia questi animali, il loro pelo ruvido e poco folto e la loro espressione malinconica, valuta la faccenda con minore emotività.* La buona Luxemburg si è lasciata trarre in inganno dal soldato in questione (allo stesso modo in cui accadde a *Benedikt* con i cani da miniera); se i nostri grigi fanti, a prescindere dai duri combattimenti che dovettero sostenere in Romania, avessero ancora avuto il tempo, l'energia e la voglia di catturare centinaia di bufali selvaggi e addomesticarli sul posto per farne bestie da soma, sarebbero degni di generale ammirazione. Senza contare che desta non poca meraviglia che questi animali primitivi abbiano tollerato un simile trattamento.

Ritengo opportuno mettere i lettori a conoscenza del fatto che, fin dall'antichità, a queste latitudini i bufali sono di *norma* utilizzati come animali da tiro. Sono bestie estremamente robuste, poco esigenti in merito al cibo e procedono ad andatura lenta. Ragione per cui *ritengo improbabile* che "l'amato fratello" della Luxemburg *potesse stupirsi di dover trainare un carro e di essere percosso con il manico di frusta.* Talvolta, si rende necessario con le bestie da tiro, purché non lo si faccia con eccessiva durezza – dato che essi non hanno comprensione della ragion di Stato. Ed io, in quanto madre, glielo posso assicurare: *un ceffone inflitto a i ragazzi più che nocivo è spesso salutare.* Non bisogna pensare sempre al peggio e commiserare gli uomini (e gli animali) senza essere a conoscenza delle circostanze: è un modo di agire che può causare più male che bene.

La Luxemburg sarebbe certamente stata *soddisfatta* se avesse potuto spingere i bufali ad atti di sedizione per giungere a instaurare una repubblica di loro simili. E tuttavia, è da dimostrare che sarebbe stata capace di procurare loro il paradiso agognato – da lei – con "il bel cinguettare degli uccelli e il melodioso richiamo dei contadini" e se i bufali avessero ritenuto per loro rilevanti queste facezie. Come ben si sa, vi sono donne affette da isterismo che s'impicciano di ogni faccenda e amano sempre mettere gli uni contro gli altri e queste, se sono dotate di spirito e di classe, poiché le masse ne subiscono il fascino, procurano ovunque disgrazie. Per cui *non ci si può meravigliare troppo* se una donna del genere, che ha predicato spesso violenza, vada incontro a un amaro destino.

Forza silenziosa, quieta benevolenza e spirito di conciliazione sono doti assai più necessarie del sentimentalismo e della provocazione, lei non crede?

Cordiali saluti,

Signora *****.

Io la penso in questo modo: non sono interessato a come una copia del mio giornale sia casualmente finita tra le grinfie di un essere del genere, se la signora sia stata abbonata alla *Fackel* o sciaguratamente lo sia ancora. Se lo è stata, suscita profondo dispiacere che adesso non lo sia perché, se ancora lo fosse, dal giorno in cui riceverà questa missiva, ovvero dal 28 agosto, non lo sarebbe più. La *Fackel* non si fa certo scrupolo di prendere decisioni drastiche. Personalmente ritengo la lettera di questa donna che scrive da Innsbruck, per quanto nefasta, benvenuta, perché non muta l'idea che mi sono fatto della spiritualità di quella città, ma fortifica le mie convinzioni.

Io la penso in questo modo: se si potesse convincere le cosiddette repubbliche a inserire nei libri di testo scolastici lo scritto di Rosa Luxemburg, accanto bisognerebbe collocare la lettera di questa megera. Così non solo si insegnerebbe ai ragazzi il rispetto per la nobiltà d'animo, ma anche il biasimo assoluto per la sua pochezza e il raccapriccio, sempre tramite questa testimonianza, per quella tipologia di vacche da monta tedesche che intendono rovinarci l'esistenza con la prospettiva certa di nuove guerre, in merito alle quali pare abbiano fatto voto a Satana di fomentare, allo scopo di soddisfare la loro bramosia di morti eroiche, per far sì che ancora si ripeta, ciò che non hanno impedito accadesse nel 1914.

Io la penso in questo modo: voglio tentare di parlare tedesco con questa disumana stirpe di latifondisti, schiavisti e i loro simpatizzanti, visto che, avendo difficoltà a comprendere questa lingua, non sono in grado di apprendere in pieno il mio pensiero. Considero il conflitto mondiale un fatto inequivocabile e l'epoca, che ha ridotto la vita umana a un letamaio, conclusa.

Io la penso in questo modo: il comunismo nel concreto è la reazione a un'ideologia che svilisce l'esistenza; ma grazie a Dio ha un'origine pura e ideale e, se anche è un antidoto disperato, ha comunque fini nobili ed elevati; al diavolo la sua realizzazione, ma Dio ce lo preservi come una costante minaccia che incombe sul capo di coloro i quali, possessori di ingenti beni, per proteggerli non esiterebbero a sacrificare giovani che non sono i loro figli sull'altare della patria o a lasciare soccombere, sotto i morsi della fame, intere famiglie, confortandoli con il pensiero che la vita non è il più prezioso dei beni.

Dio ce lo conservi il comunismo, affinché questa gentaglia, la quale non sa più cosa fare, non diventi ancora più arrogante; affinché quell'élite, che gode di mille privilegi e ritiene che l'umanità sotto di sé usufruisca di una sufficiente dose di amore se le viene trasmessa la sifilide, vada a coricarsi a sera con almeno una preoccupazione; affinché le passi la voglia di fare la morale alle sue vittime e prendersi gioco di loro!

Innanzi a considerazioni su come sarebbe stata maggiormente proficua la vita di Rosa Luxemburg, se avesse svolto l'attività di guardiana presso un giardino zoologico, invece che quella di domatrice di belve umane, dalla quali alla fine è stata sbranata, o se sarebbe stato per lei più remunerativo e soddisfacente coltivare fiori, dei quali in ogni caso dimostra di avere nozioni più vaste di una latifondista, non intendo spendere una sola parola, per timore di eccedere nella sfrontatezza.

Sussiste anche il rischio che, a burlarsi di uno stato di cattività a cui è costretto un martire, si risponda d'istinto liberandosi della persona che si è macchiata di tanta vergogna, a meno che le sia maggiormente gradito un ceffone che e di questo ne può stare certa ben assestato sulla faccia di una madre che ha generato eroi risulta sempre salutare! Inoltre l'infelice e meschina battuta in merito al fatto che Rosa Luxemburg abbia fatto la conoscenza "del calcio dei fucili", potrebbe essere ripagata con due nerbate, da rifilarle con la frusta che ha colpito l'animale descritto dalla Luxemburg. Ma bando ai sentimentalismi! Non è necessaria una descrizione lacrimevole per accadimenti di quel tipo, non è materiale per libri di lettura. Chi è cresciuto in una grande tenuta del sud ungherese, dove la scorza dei bufali, di per sé ruvida e poco folta, non suscita misericordia e la "malinconica espressione dei loro occhi" – la quale non dovrebbe suscitare maggiore commozione delle zampe o le beccate di un'oca – è così diversa dal volto ideale dei latifondisti dell'Ungheria, sa bene che in quei luoghi queste creature si trattano in ben altro modo, senza battere ciglio, in accordo per giunta con le mogli dei commendatori. Sono sinceramente convinto che mai ci si debba entusiasmare per i tribunali rivoluzionari, né simpatizzare con le idee di quegli ufficiali i quali, avendo l'onore come estrema e ultima loro risorsa, si sentono legittimati a castrare il prossimo. E tuttavia, sono abbastanza perfido e cattivo da decretare la condanna di quelle signore che usano l'espressione "i nostri grigi fanti": che siano mandate a pulire i cessi delle caserme, affinché perdano quella nobiltà, da cui non riescono a staccarsi neppure quando infamano una defunta tenendosi nell'anonimato. In ogni caso, io penso che "i nostri grigi fanti", a prescindere dai duri combattimenti che si trovarono ad affrontare in Romania, vi furono costretti perché, fino al 1914, i libri di lettura non avevano assonanza con le idee espresse da Rosa Luxemburg, ma con quelle dei latifondisti. Per questo, hanno trovato anche il tempo, l'energia e la voglia di razziare bufali e domarli. Ma mi creda, fino a quando le valchirie tedesche e gli ungheresi del meridione saranno interessati all'utilizzo militare dei bufali, l'umanità, se è tale, altro non potrà fare che parteggiare per gli animali da tiro.

Inoltre, poiché desidero che almeno una volta si apprendano le mie opinioni e non il solo suono prodotto dalle mie parole, dico che se la testimonianza di Rosa Luxemburg non fosse avvalorata dai fatti e già da tempo nessun animale creato da Dio vivesse nei verdi pascoli, ma fossero ormai tutti al servizio dell'uomo, all'Incommensurabile ella avrebbe parlato con maggiore accortezza e verità di una latifondista, che in una bestia vede soltanto il buono che può trarne dal trovarsela nel piatto e si lamenta della sua andatura lenta; l'umanità che considera coloro appartenenti al mondo animale quali fratelli è più degna di stare al mondo di uomini bestiali, che si meravigliano e si prendono gioco di chi nutre quei sentimenti, ironizzando sul fatto "che un bufalo non si sorprenda" di essere destinato a trainare un barroccio fino a Bratislava e di essere percosso con l'impugnatura della frusta.

È un sentire ripugnante quello che persuade i padroni del creato che in un animale non vi sia un'anima, che quegli sia privo di sensibilità perché non è in grado di esprimere la sua sofferenza nel linguaggio più consono al padrone. E, poiché quegli diversamente dalla nostra specie gode del privilegio "di non afferrare appieno le motivazioni che scatenano certe misure", il manico della frusta "spesso è una medicina necessaria". In verità, di quell'attrezzo quella donna approva l'utilizzo perché non trova altro modo per scacciare da sé il timore per un avvenire incerto! Gente di tal fatta prende a schiaffi i propri figli misurandone la forza pari alla propria o li fa tormentare da laureandi in teologia sessualmente disponibili. Solo perché la vita o l'aldilà dà loro motivi di apprensione. E tuttavia, i figli hanno la possibilità di lenire la vergogna di essere stati generati da genitori simili con l'impegno a divenire migliori o, nella peggiore dell'eventualità, consumando la loro vendetta, quando a loro volta saranno divenuti genitori, sulla discendenza.

Il destino degli animali, invece, che finiscono alle dipendenze dell'uomo con la violenza o l'inganno, è quello di essere disonorati, per espresso piacere di quest'ultimo prima di finire in pentola. L'uomo offende la dignità dell'animale anche definendo tali alcuni dei suoi simili che intende biasimare. Egli non si meraviglia più di niente, per cui non può permettere all'animale di essere coinvolto in uno stupore che deve necessariamente disconoscere. E allora, come il padrone, la bestia non deve scandalizzarsi della vergogna che gli viene inflitta e, viceversa, come il bufalo non deve meravigliarsi del carro condotto fino a Bratislava, allo stesso modo non si stupisce il proprietario terriero se all'uomo è riservata una brutta fine. Egli, infatti, ritiene che tutto sia in perfetto ordine, seppure il mondo, proprio a causa dell'ordine, vada in frantumi. E allora, cosa vuole la Luxemburg? Come è logico pensare, lei, che non disponeva d'altro che del suo cuore, che considerava il bufalo un fratello, sarebbe stata contenta di poter spingere i bufali alla rivoluzione, di istituire una repubblica bufalina, possibilmente anche con "il soave canto degli uccelli e i melodiosi richiami dei contadini; è però da verificare "se i bufali darebbero gran peso a questi ultimi elementi, dato che è certo che vogliono essere loro il fulcro della questione. Purtroppo non sarebbe stata in grado di realizzare questo sogno, la povera Luxemburg, perché al mondo è dimostrato vi siano più uomini-animali che non bufali! Ma che ella dovesse impegnarsi in un tentativo del genere, lo testimonia il fatto che è una creatura degna di essere annoverata tra le donne affette d'isterismo, donne che ficcano sempre il naso in ciò che non le riguarda e amano mettere sempre gli uni contro gli altri.

La mia opinione è che: nell'ambiente delle proprietarie terriere, questo quadro clinico sia talmente predominante che si è quasi tentati di definire quelle donne rivoluzionarie nate. Errore, perché a una più minuziosa indagine si ha chiaro cosa esse siano, ovvero, solo delle stupide oche.

E tuttavia, così facendo si ricade in quella presunzione tipica della nostra specie, di voler attribuire agli animali i nostri maggiori difetti e le peggiori qualità. Mai è passato per la mente a un bue residente a Innsbruck o a un'oca cresciuta in una grande tenuta ungherese del meridione di muovere una qualche critica a un abitante di Innsbruck o a una latifondista dell'Ungheria meridionale. E mai, anche se ne fossero capaci, si permetterebbero di esprimere un personale giudizio su questioni spirituali, come mai parlerebbero di "stile", perché quella è una qualità riservata a pochi.

Gli animali, anche se spesso non afferrano le ragioni delle cose, avrebbero troppo tatto per spedire una lettera tatto sciagurata e troppo pudore per redigerla. Nessuna oca dispone di una penna scadente al punto, da risultare ottimale per assolvere a questo compito! Non lo crede anche lei?

L'oca è intelligente e talmente buona da accettare di buon grado di finire tra le fauci della sua padrona, ma mai di essere scambiata per lei. La padrona in questione si differenzia dall'oca solo perché, in caso di estremo bisogno, ella può affidarsi al Padreterno e perché è tanto generosa da concepire concetti come "non bisogna sempre pensare al peggio e commiserare gli uomini e gli animali senza conoscere le circostanze". Questo ovviamente è un fatto "che non può portare altro che male". A chi? A coloro che ritengono il diritto di proprietà legge divina che solo agita-tori e soggetti equivoci come un tale Gesù Cristo intendevano abrogare?

Fortunatamente, il concetto di proprietà rimane sempre valido perché il desiderio di impossessarsi di beni è precedente alla venuta del cristianesimo e non vi è dubbio che sopravviverà anche a quello. Ecco, io la penso così.

Dal Die Fackel del novembre 1920

ETIMOLOGIA

Se, quando assassinano i repubblicani, i monarchici fanno appello alla comprensione dei giudici, maggiormente confidano nella loro clemenza, quando si ha a che fare con semplici offese. Da questa accusa si possono difendere asserendo di non aver avuto intenzione di fare un torto ad alcuno. E, tutto sommato, è già un progresso. E tuttavia devo far notare che, mentre il difensore del signor Hussarek[121] rivendicava il fatto che non era responsabilità del suo assistito se la parola *schurke* (birbante) potesse intendersi non solo come abile, ma anche disonesto, un anarchico accusato di aver definito *schuft* (farabutto) un politico repubblicano, si giustificava asserendo che quel termine non era da intendersi lesivo perché, a suo dire, derivava dall'ebraico *scofai* che significa "delegato dal popolo" o "abile condottiero di milizie".

La sua difesa non ha sortito esito positivo, ma l'uomo ha suscitato la simpatia di molti. Un repubblicano che avesse rivolto a un generale dell'esercito asburgico i termini *schurke* o *schuft* sarebbe stato condannato a prescindere: nessuno avrebbe infatti creduto che egli avesse inteso rivolgersi a lui in quanto "abile condottiero di milizie".

Dal *Die Fackel* del giugno 1923

---

121 Nde. Max Hussarek (1865 – 1935) fu un politico austro-ungherese, Primo ministro dell'Impero Austriaco dal luglio all'ottobre del 1918. In un dibattito, egli aveva definito lo scrittore e giornalista Upton Sinclair (1878 – 1968) uno "schurke".

IN MERITO A UN GIORNALISTA CACCIATO DALLA CAMERIERA DI ELEONORA DUSE[122]

Un giornalista, cacciato dalla cameriera della Duse, può affermare solo quanto segue: "Si trova veramente qui? Nessuno ha parlato con lei, nessuno l'ha vista".

Lo credete veramente? Se è così siete in errore. Visto che lui non si trova più sul posto, è evidente che anche lei non ci sia. E tuttavia, il fatto che nessuno abbia interloquito con lei o l'abbia scorta, testimonia che lei si trova per forza di cose lì.

"La sua porta è rimasta chiusa anche all'Ambasciatore del suo paese che, solerte diplomatico, voleva conferire con lei".

Per un giornalista, la notizia riportata in questo modo e in grassetto si avvicina molto all'ammissione che lei si trovi in quell'albergo. È però tenuto a dimostrare che, per un addetto stampa, non è uno smacco non essere ricevuto da lei: a questo scopo si fa osservare che anche a un importante diplomatico può capitare un inconveniente del genere. E poi ci si continua a muovere come se non si sapesse con certezza se lei si trova lì.

"È veramente qui?" La denuncia degli ospiti alla polizia ne dà conferma: fra gli arrivati il 15 del corrente mese si trova la seguen-

---

122 Nde. Eleonore Duse (1858 – 1924) fu una delle più importanti attrici teatrali della sua epoca. Tra le sue memorabili interpretazioni, Teresa Raquin di Emile Zola, Cavalleria Rusticana di Giovanni Verga, Casa di bambole di Henrik Ibsen, nonché numerose opere di Gabriele D'Annunzio, con il quale ebbe una lunga e travagliata relazione.

te annotazione:

"Eleonora Duse, nata a Vigevano il 3 ottobre del 1859, coniugata, di religione cattolica, di cittadinanza italiana e residente a Venezia".

Allora si trova qui. Alcuni particolari vengono a galla.

"La Duse occupa due stanze al terzo piano della struttura alberghiera: la n. 308 e 309. La sua cameriera Maria Avogadro si prende cura di lei la cui *bellezza*, alla veneranda età di sessantaquattro anni, talvolta *necessita di qualche ritocco*".

La cameriera è ancora capace di assolvere a questo compito. "Con lei si trova un *impresario...*".

Questi, avendo maggiore comprensione nei riguardi della stampa, racconta qualcosa sulle abitudini della Duse: che non è una donna divina come si immagina e come sarebbe stato a tutti evidente se fosse stata data loro possibilità di incontrarla,

"Anche la Duse, al pari degli altri esseri umani, si trova ogni giorno a dare soddisfazione a esigenze organiche. Come una qualsiasi signora della borghesia alle otto e trenta fa colazione, servita non dal cameriere che potrebbe anche gettare uno sguardo maschile sull'attrice appena sveglia, ma dalla sua fidata cameriera, custode dei suoi più intimi segreti".

Segreti che tuttavia non svela. Così ci si deve accontentare di supposizioni e piccoli dettagli gettati casualmente qua e là dall'impresario.

"All'una le viene servito il pranzo su un carrello. Un pasto frugale per tre persone. La cena invece è a base di latticini".

Le piace Vienna?

"Avrebbe gradito recarsi anche al Prater. All'ultimo però ha cambiato idea, la Duse non ama il troppo affollamento. Per cui il Prater non è il posto ideale per lei".

In verità pare che anche per i giornalisti l'attrice non nutra troppa simpatia.

"...la cameriera racconta che...".

Sembra che questa donna sia particolarmente efficiente in ogni compito che si assume. Mentre caccia i giornalisti riesce anche a fare loro delle rivelazioni. Quali?

"La signora ha difficoltà di deambulazione e necessita di quotidiani massaggi con l'acquavite".

Evidentemente era sua intenzione scusare la sua padrona, che altrimenti avrebbe preso personalmente a pedate quel ficcanaso. Fortunatamente questo non è accaduto. D'altronde chi viene a contatto con lei, sa quanto sia imprevedibile.

"Nel corso delle prove la Duse si mostra spesso sgradevole, nervosa al limite dell'isterismo. È una diva, ma lei tra i suoi pari pretende di essere trattata come una divinità. Dei suoi eccessi tutti fanno le spese".

I giornalisti possono reputarsi fortunati a essersi trovati a interloquire con la sola cameriera di fiducia e ad averne anche conosciuto il nome.

"La cameriera in questione si chiama Desirée e si dichiara nemica giurata dei reporter visto che ha cacciato tutti quelli che si era asserragliati di fronte alla camera della diva. Questa riservatezza della Duse è da ritenersi superbia o si tratta di un'astuta strategia pubblicitaria? Questi atteggiamenti ascetici lasciano credere che sia giusta la seconda ipotesi".

In realtà il fatto che ella non riceva neppure un giornalista durante tutto l'anno pare esagerato come atteggiamento ascetico. Si dice che le abbiano dovuto garantire che non si sarebbe imbattuta in estranei dietro le quinte, che abbia fatto richiesta di un lungo tappeto che coprisse il suo percorso dal guardaroba alla scena, da questa alla porta d'ingresso e perfino dalla porta dell'albergo alla macchina. Quest'ultima informazione, in realtà, appare azzardata, giacché quella zona pullula tutt'ora di giornalisti. Del resto, allorché questi nulla riescono a ricavare dalla Duse, sembrano sempre più propensi a danneggiarla:

"Il successo di stasera è assicurato. Ella verrà senz'altro celebrata come la più grande attrice vivente. E tuttavia, dal punto di vista umano, la Duse si rivela colma di quelle debolezze e piccinerie che, sovente, abbondano nelle menti stravaganti. Se sulla scena ella risulta una creatura eletta, nel quotidiano non è che una semplice donnetta".

Come si possa giungere a una simile conclusione senza mai

poter avvicinare l'attrice nella sua vita quotidiana non ci è dato saperlo. Non si può che concludere: non dovrebbero esistere città neppure negli Abruzzi o nella vendicativa Sicilia in cui simili ritorsioni si rendano possibili. Un Parlamento che non garantisca la tutela degli artisti stranieri da quei banditi della stampa non dovrebbe essere eletto.

Dal *Die Fackel*, ottobre 1923

NOI DUE

"Nel corso della guerra Francesco Giuseppe, come oggi sappiamo, fu uno dei pochi a prevedere fin dal principio quale ne sarebbe stato l'esito".

Lui e anche io. Per cui pure lui poteva suggerire a sé: "Ne ho immaginato l'esito fin dal primo colpo di cannone, avevo piena coscienza di quanto sarebbe accaduto dopo".

La differenza tra noi due si trova nel solo particolare che io non avevo ponderato la cosa, ma a ricoprire il ruolo di disfattista ero assai più capace di lui.

"Quando l'Inghilterra ci dichiarò guerra, egli esclamò: *Siamo perduti! Mai potremo tener testa agli inglesi!*"

Anch'io, all'epoca, mi espressi in termini simili, sebbene a me riuscisse difficile sottrarmi a una accusa di tradimento. E tuttavia il coro gridava che avrebbe pensato Dio a punire l'Inghilterra e a tener saldo un imperatore che, pur sapendo a cosa andavamo incontro, non aveva esitato a gettarsi nella mischia. Io ritenevo addirittura che non eravamo in grado di giocarcela neppure con la Serbia e reputai un azzardo che Francesco Giuseppe in occasione del suo giubileo – che io non festeggiai e per questo venni denunciato già nel 1898 – chiedesse a Belgrado di far atto di sottomissione.

"Da allora", continua Margutti[123], "prese corpo nell'Imperatore l'idea che, per venire a capo della situazione, fosse necessario

---

123 Nde. Albert Freiherr von Margutti (1869 – 1940) fu un generale dell'esercito austro-ungarico.

un crollo delle potenze centrali".

Non l'avrei mai detto tanto arguto. Infatti, come del resto è accaduto a tutto il mondo, ho sempre pensato che egli confidasse in un trionfo definitivo delle potenze centrali, una convinzione questa che egli esigeva in ogni suo suddito, se non voleva essere destinato al patibolo o ai lavori forzati. Io, allora, mi ritenevo il solo a essere assolutamente certo che saremmo andati incontro a una disfatta e me la auguravo anche, perché una vittoria avrebbe rafforzato la monarchia militare che, oltre a mietere ancora più vittime, avrebbe diffuso nel paese un'orribile peste culturale, che ci avrebbe riservato una pace ben peggiore di qualsiasi guerra. Chi, nell'autunno del 1914, parteggiava per l'umanità e non per una nazione tenuta insieme con l'inganno, sperava in cuor suo che un'avanzata dei russi mettesse fine a ogni orrore. Mi credevo il solo ad aver compreso quanto la follia niente avrebbe potuto contro la tecnologia e a confidare ciecamente nella catastrofe ed oggi scopro che addirittura Francesco Giuseppe era della mia opinione. Non l'avrei mai detto! Chi poteva immaginare, allora, che un re cristiano, persuaso di andare incontro a una sconfitta, non esitasse a mandare al macello l'umanità? Una tale sete di sangue, nonostante gli inutili sacrifici che imponeva al suo popolo, era difficile da pronosticare in lui. Egli sedeva sul trono, lavorava instancabilmente alla sua scrivania e dormiva in un comodo letto e non solo dalla sua posizione aveva riflettuto su tutto, ma conosceva in anticipo l'esito di certe decisioni. Aveva ben chiara la tragedia che avrebbe coinvolto tutto il mondo. Così, infatti, riportava a suo modo, della strage che supponeva coinvolgere la Transilvania: "Anche sulla Romania non si faceva illusioni. Quando, nel Natale del 1914, Margutti gli presentò la lista dei regnanti ai quali fino a quel momento erano stati inviati gli auguri di Capodanno, giunti al re Ferdinando e alla regina Maria[124], egli osservò: *Credo*

---

124 Nde. Il riferimento è qui a Ferdinando I (1865-1927), Re di Romania dall'ottobre 1914 fino alla sua morte, e alla consorte Maria di SassoniaCoburgo-Gotha (1865-1938). Nonostante fosse membro del ramo cadetto della famiglia imperiale tedesca Hohenzollern, Ferdinando entrò nella Prima guerra mondiale a fianco della Triplice Intesa. Come conseguenza di questo "tradimento" nei confronti delle sue radici tedesche, l'Imperatore Guglielmo II fece cancellare il suo nome dal registro della Casata Hohenzollern.

che questi due andranno presto cancellati".

Aveva un preciso presentimento di tutto quanto avrebbe dovuto affrontare. Ma, anche se non era incline a provare sgomento nel mandare a un'inutile massacro il suo popolo – fatto che dovrebbe di per sé far inorridire conoscere da fonti certe con quanto disprezzo un monarca disponeva dell'umanità intera a suo capriccio non dovrebbe suscitare massima indignazione? A lui interessava essere parte di quella leggenda che tramanda ai posteri i monarchi pervasi dal sacro fuoco e questo, a suo modo di pensare, non giustificava forse un battersi caparbio sul campo fino all'ultimo uomo? Del resto, i regnanti erano fatti in questo modo: "Quando Gugliemo II[125], nel novembre del 1915, giunse a Schönbrunn[126] ...".

L'episodio in cui pestò un piede al suo aiutante da campo, il maresciallo di corte e conte Robert Zedlitz-Trutschler[127], dà piena conferma al ritratto che io avevo fatto di quel mostro pazzoide e dell'abisso in cui era precipitata la Germania guglielmina, pervasa da una sorta di venerazione verso generali che erano presi per i fondelli da coloro che conducevano le operazioni di guerra. E cosa accadde, quando quell'ominide detestato da tutti coloro che gli obbedivano servili, malvisto dalla corte di Vienna, che gli si sottometteva tremante, giunse a Schönbrunn?

"I due imperatori, secondo Margutti, si trovavano lì per discutere di una possibile pace. Ciascuno dei due attendeva fosse l'altro a introdurre la questione, ma Francesco Giuseppe non voleva apparire vile e Guglielmo era in balia degli uomini del suo Alto Comando. Per cui, le ore passarono in conversazioni sulle condizioni atmosferiche...".

---

125 Nde. Guglielmo II di Prussia e Germania (1859-1941) fu l'ultimo Imperatore tedesco e l'ultimo re di Prussia dal 1888 al 1918.

126 Nde. Antica residenza di campagna imperiale, fu uno dei castelli più grandiosi dell'impero asburgico. Eretto nel 1726 per il leggendario condottiero principe Eugenio di Savoia, fu sottoposto a un intervento di ampliamento e ristrutturazione durante il regno dell'imperatrice Maria Teresa, divenendo il castello e annesso parco più grande dell'Austria.

127 Nde. Robert von Zedlitz-Trütschler (1837-1914) fu un funzionario prussiano, ministro dell'Istruzione dal 1891 al 1892.

E con le ore anche l'umanità venne meno. Non sembra dileggere il commento al mio epigramma sulla fedeltà dei Nibelungi? Chi aveva attentamente ponderato la cosa che l'altro non avrebbe mai voluto non osava dire di aver cambiato opinione. Guglielmo era in balia del suo Alto Comando che lo rifocillava con tartine al caviale e Francesco Giuseppe, per non apparire vile, tralasciava di discutere la pace. Eppure era perfettamente consapevole che quella guerra non l'avrebbe mai visto vincitore. Dopo la riconquista di Lemberg[128], infatti, dichiarò: "Altre vittorie come questa e ci troveremo costretti a capitolare: servono solo a prolungare la guerra. E un conflitto di queste proporzioni non ha termine con una semplice sconfitta, ma con un tracollo totale".

Parole sante, ma, quasi fossero granito, pronunciate senza lasciar trasparire alcuna emozione. Allo stesso modo o quasi mi espressi io dopo Gorlice[129], ma venni ritenuto uno scocciatore. Tutti dovevano mostrarsi ottimisti e avere illimitata fiducia in Francesco Giuseppe, che altrimenti li attendeva il capestro o la gattabuia. Suppongo persino che Francesco Giuseppe condividesse la mia riluttanza a sottoscrivere prestiti di guerra. La differenza tra noi potrebbe risiedere unicamente in questo: egli li rifiutò per lungimiranza finanziaria, io per repulsione verso qualunque legame con la più grande ignominia che si è verificata su questa terra dal giorno dell'avvenuta creazione. E tuttavia, lui una cosa non ha fatto: io ho pubblicamente ritirato la sottoscrizione del primo prestito di guerra, fatta a seguito di un fatto assai sgradevole. In ogni caso, posso asserire, vogliate crederci o meno, di aver avuto sulla guerra la stessa opinione del mio imperatore, che ho forse espresso con diversa fermezza, tanto che oggi mi sento un miracolato per non aver dovuto rispondere dell'accusa di lesa maestà. Oggi, quando mi trovo a dover ammettere di aver ritenuto assai diversi i pensieri di Francesco Giuseppe sulla guer-

128 Nde. Le due battaglie di Leopoli (in tedesco Lemberg), combattute fra il 26 agosto e l'11 settembre del 1914, videro il primo grande scontro in Galizia fra l'esercito austro-ungarico e quello russo, che si concluse con la vittoria di quest'ultimo.

129 Nde. Nel maggio 1915, l'offensiva austro-tedesca di Tarnów-Gorlice, partendo proprio dalla radice dei Carpazi, provocò il crollo dell'intero fronte russo e la perdita non solo della Galizia, ma anche della Polonia e della Lituania.

ra, quanto espresso del suo carattere trova maggiore conferma dalle conseguenze che egli ne trasse, assai discordanti con le mie. Pare che egli avesse compreso che ci trovavamo a vivere gli *Ultimi giorni dell'umanità*, ma, mentre io li descrivevo[130], lui provvedeva a generarli.

Secondo il rapporto del generale Margutti, la figura del suo successore non avrebbe dovuto aggiungere problemi ulteriori: "...Tutto l'apparato che, sotto Francesco Giuseppe, agiva in modo silenzioso e puntuale, procurava adesso un gran baccano. Ordini e smentite si susseguivano senza soluzione di continuità. La revoca di una disposizione non gli arrecava il minimo disturbo e non solo, neppure si dava pensiero quando, mancando senza motivo a un appuntamento, sconfessava una delega o una risoluzione approvata. Per ovviare a queste sconvenienze, era stata coniata per lui una frase che serviva a toglierlo da qualsiasi imbarazzo: *Ci ho riflettuto a lungo e ho cambiato opinione*.

Caratteristico della sua congenita e ansiosa personalità era il modo in cui intraprendeva i viaggi di rappresentanza. Nel giugno del 1917, due giorni prima della trasferta programmata a Monaco e Stoccarda, nel gabinetto del cancellierato si registrò una gran confusione. Tralasciando sul fatto che la visita delle corti straniere era stata annunciata con poco preavviso, l'imperatore Carlo[131], come sua consuetudine, si presentò in sensibile ritardo alla stazione. Così, quando il treno fece scalo a Stoccarda, il re del Wittemberg si trovava da tempo in attesa sulla banchina. L'imperatore Carlo, invece, ancora stava radendosi e, quando si presentò, era vestito con abiti non adeguati. Al brindisi di Stoccarda, dimenticò di dire il 'Viva!' di rito. Il direttore della banda rimase parecchi minuti con la bacchetta alzata, in attesa di dare inizio all'esecuzione dell'inno germanico. Alla fine il segnale gli fu dato da parte dei Wittemberg".

L'episodio del 'Viva!' dimenticato non sarebbe mai potuto

---

130 Nde. Il riferimento è qui al testo storico satirico scritto da Kraus nel 1922 e intitolato appunto Gli Ultimi giorni dell'Umanità. Tragedia in cinque atti con preambolo ed epilogo.
131 Nde. Carlo I d'Austria (1887 – 1922) fu l'ultimo imperatore d'Austria, re d'Ungheria e Boemia e monarca della Casa d'Asburgo-Lorena e Austria-Este.

accadere al suo predecessore nel comando delle Forze Armate, l'arciduca Federico[132], il quale, se aveva la sensazione che potesse mancare qualcosa, si metteva addirittura a sfogliare le pagine del cerimoniale. Ma si trattava di persona appartenente alla vecchia guardia, ancora dotata di disciplina e stile.

"Di gran lunga meno pedante fu colui designato a governare per ultimo. A memoria d'uomo, nessuna battaglia, nessun potere, nessun onore fu perso in modo tanto sciocco".

L'estinzione del potere monarchico, attribuito alla sconfitta patita nella guerra mondiale, non servirà a convertire i fervidi simpatizzanti della monarchia, i quali, pur essendo stati testimoni oculari delle bestialità commesse dai regnanti, paiono oggi invasati per come ancora sostengono il regime monarchico. E se anche riuscissero a valutare oggettivamente quanto avvenuto in passato, non ne trarrebbero lezione per l'avvenire e, dopo Francesco Giuseppe e Carlo, non esiterebbero a buttarsi su Otto[133]. Del quale si dice, abbiamo appreso dal Primo Ministro, che a un cuore d'oro unisca notevoli facoltà intellettive, ovvero le doti riconosciute agli stessi Francesco Giuseppe e Carlo.

Sarebbe presuntuoso da parte mia voler trovare con colui che fu l'ultimo, Carlo, qualcosa di comune a me se non il nome.

Quanto a Francesco Giuseppe, rimaniamo sempre due, per la molteplice diversità di carattere e la posizione sociale – ma simili per il lavoro indefesso uniti nel riconoscimento di una criminale e per giunta vana carneficina. Io sono rimasto sinceramente sconvolto dalla scoperta che lui, il quale ha certamente con tanta passione levato la fiaccola della guerra, ma che non ha mai letto la mia, è forse l'unico uomo della monarchia ad aver condiviso la mia convinzione della sua prossima caduta e di quanto fosse inesorabile il cappio a cui si era da solo assicurato iniziando un guerra che, in anticipo, sapeva persa. Dunque, niente mi viene risparmiato.

Dal *Die Fackel* del gennaio 1924

---

132 Nde. Federico d'Asburgo Teschen (18561936) fu supremo comandante delle Forze Armate austro-ungariche durante la Prima guerra mondiale.

133 Nde. Ottone d'Asburgo-Lorena (1912 – 2011) fu capo della Casa d'Asburgo dal 1922 al 2007, anno in cui abdicò in favore del figlio Carlo d'Asburgo-Lorena.

LE CONSEGUENZE DELLA RIVOLUZIONE RUSSA SULLA CULTURA PLANETARIA

(scambio di corrispondenza)

Berlino 24 settembre

Egregio signor Kraus,
è su mandato della redazione della rivista settimanale illustrata *Krasnaja Niva*, il periodico letterario più diffuso a Mosca, i redattori del quale sono Lunacarskij (commissario per la cultura popolare) e Steklov (anche redattore del quotidiano *Iawestija*) che mi rivolgo a Lei.

La *Krasnaja Nova*, in occasione dell'anniversario della Rivoluzione di Ottobre, ha aperto un'inchiesta tra le più note personalità nel mondo dell'arte e della letteratura, per appurare quale sia stato l'apporto alla cultura mondiale dato dalla Rivoluzione Russa del 1917[134].

La domanda che poniamo è la seguente.

A suo parere quali sono gli effetti e le conseguenze sortite della Rivoluzione Russa del 1917 sulla cultura mondiale?

La preghiamo gentilmente di dare il Suo contributo all'inchiesta e di inviare al nostro ufficio entro il 10 ottobre prossimo la sua cortese risposta, dieci o venti righe dattiloscritte possibilmente corredate da fotografia e firma. Il tutto verrà pubblicato.

---

134 Nde. Sulla Rivoluzione bolscevica si ricorda lo splendido testo del giornalista John Reed *I dieci giorni che sconvolsero il mondo*, Edizioni Clandestine, 2011.

Cortesi saluti,
il delegato rappresentante di *Isvestija* e di *Krasnaja Nova*,
L. Gakin.

Vienna 4 ottobre 1924
Egregio signor Gakin,
penso che gli effetti e le conseguenze della Rivoluzione russa per la cultura mondiale consistano nel fatto che i rappresentanti della Rivoluzione russa chiedano alle più note personalità
dell'arte e della letteratura di esprimere – in dieci max venti righe
dattiloscritte corredate possibilmente di immagine fotografica e
autografo, che verranno pubblicati, per cui nello spirito del giornalismo antecedente alla rivoluzione la loro opinione sugli effetti
e le conseguenze derivanti dalla Rivoluzione russa sulla cultura
planetaria, cosa che talvolta si può veramente fare nelle prestabi-
lite dieci o venti righe dattiloscritte.
Cortesi saluti, Karl Kraus.
Dal *Die Fackel* del dicembre 1924

BENEDIZIONE DELLA GUERRA

Una notte, non molto tempo fa, il vicino bussò alla parete del mio studio; ne avvertii il lieve tocchettio come lui aveva udito il mio ridere, perché le pareti di queste costruzioni moderne sono sottili e il rumore da me provocato lo aveva tirato già dal letto. Nottetempo, infatti, io rido ormai da ventisei anni, quando il tempo me ne fornisce occasione. Ma, in verità, non ho mai riso come poco tempo fa quando, in un momento di ozio, non sapendo cosa fare, gettai lo sguardo su un libricino rosso della mia libreria. Così eccomi seduto a leggere *Kriegssegen* di Hermann Bahr[135] edito nel 1915 da Delphin. Mancano le pagine dalla nove alla dodici perché le ho già strappate; esse contengono quell'indimenticabile *Saluto a Hofmannstahl*[136] che inizia così: "So che lei è arruolato e in armi, caro Hugo, ma nessuno sa dirmi dove...",poi viene il saluto al quale il mittente affida anche la speranza... "forse l'amato vento soffia sul fuoco dove Voi avete fatto bivacco...", segue la convinzione... "a breve dovreste giungere a Varsavia!..", e l'illusione... "Forse il Poldi misura a grandi passi la stanza..." mentre fuori rullano i tamburi. Per farla breve si tratta della lettera che io ho inviato al destinatario dei numeri 423-425

---

135 Nde. Hermann Bahr (1863 – 1934) fu uno scrittore e critico letterario che contribuì a diffondere in patria le più moderne correnti della letteratura europea, dal naturalismo all'espressionismo. Tra i suoi saggi, si ricordano Zur Kritik der Moderne (1890) Kriegssegen (1915).

136 Nde. Il riferimento è qui a Hugo von Hofmannstahl (1874-1929) poeta e drammaturgo austriaco.

del maggio 1916[137]. Ancora oggi i burloni non trovano testo migliore per le loro trovate professionali. Non credo però di aver tolto altro a quel libretto, oltre a questo indimenticabile prologo. Per il resto il testo è integro, neppure ci sono annotazioni scritte a penna ai margini e, per quanto sia possibile che io nel periodo di quell'orrendo umorismo di guerra abbia tratto qualche citazione dal prologo, credo che il commento grottesco dei restanti dieci capitoli sia rimasto intatto. Ho pensato spesso che non si potrebbe escogitare una tortura maggiore per tutta la mondezza poeticaletteraria degli stati centrali, del riproporre al pubblico ciò che tra il 1914 e il 1916 perché in seguito questa cieca obbedienza venne meno – fu pasticciato in parte per stupidità, in parte per calcolo, poiché l'esaltazione dell'eroica morte altrui serviva a esorcizzare la propria. Ma, a suscitare la criminale risata, è stata sufficiente la produzione letteraria di Hermann Bahr, al quale l'età aveva risparmiato il dover agire per calcolo. Consiglio i buongustai di procurarsi quel libretto, rimasto sommerso dall'onda della letteratura bellica, che però troverà, grazie a me, una vasta platea di acquirenti. Sicuramente non avete mai letto niente del genere e rimarrete meravigliati del fatto che, a un uomo di una certa età, siano venuti in mente pensieri del genere. Eppure, quel martire cristiano, su cui oggi possono posarsi sereni gli occhi del mondo, in modo che se ne possa ridere, ha veramente scritto questa *Benedizione della guerra*, di cui giustifica il titolo nella prefazione, redatta la domenica dell'Avvento del 1914. Egli, in definitiva, non intende affatto considerare la guerra una benedizione, ma sostiene che, dalla stessa, si potesse ricavare una benedizione. Una premessa inutile: a che pro, durante l'Avvento, un'interpretazione di *Benedizione della guerra*, quando già in ottobre si era detto chiaramente: "Voglio parlare di una benedizione di guerra, pronunciare una parola che sta sulla bocca di tutti, perché dove si trovano tedeschi tutti altro non fanno che benedirla questa guerra!"

---

137 Nde. Kraus ricorda qui la pubblicazione, avvenuto su quel numero, della lettera-saluto di Bahr a cui aveva fatto seguito un suo feroce e ironico commento intitolato, per l'appunto, Saluto a Bahr e Hofmannstahl.

Assicura di non aver alcuna intenzione di abbandonarsi alla lirica. In quei mesi non ha composto alcuna poesia in merito alla guerra.

"Chi può dire altrettanto di sé? Chi agisce alla mia maniera?" Prendiamone uno a caso: io per esempio! Anche se una lirica di guerra, pur non avendo mai inteso comporla, apparteneva a me. Ma in una cosa io non posso seguire il signor Bahr, posso solo ristamparla: e non parlo di ogni riga della *Benedizione di guerra*, ma anche e in particolare del capitolo intitolato È *comparso lo spirito tedesco!*, il quale inizia con queste parole: "Campassi un secolo, mai dimenticherò quei giorni! Questa è la nostra più grande esperienza. Non eravamo a conoscenza che fosse possibile vivere qualcosa del genere!"

Nel frattempo, l'evolversi della vicenda deve avergli dato conferma di quanto avesse ragione. L'impensabile di quei giorni, quando un pazzo delirante sosteneva di conoscere solo tedeschi e nessun partito e sguainava la spada intenzionato a far esplodere il mondo a suon di cariche di dinamite, ha ispirato al signor Bahr quanto segue: "Finalmente ci siamo ritrovati, ora altro non siamo che tedeschi e tanto ci basta. Questo è sufficiente per vivere e morire... In tutti i cuori tedeschi avvampa adesso il medesimo sacro furore. Un furore sacro, consacrante e lenitivo. Sia lodata questa guerra che, fin dal primo istante, ci ha liberati da tuttimali congeniti che affliggono il popolo tedesco. Quando verrà nuovamente la pace, dovremo guadagnarci il privilegio che ci è toccato di aver vissuto questa santa guerra tedesca... All'angolo, davanti agli ultimi comunicati, si sono formati di capannelli di persone! Uno conta ad alta voce quanti nemici abbiamo! Già ne sono riportati sei! Segue qualche istante di silenzio. Quindi, uno dice: *Molti nemici, molto onore e noi vinceremo, perché combattiamo per una giusta causa!* È la fortuna di questa nostra epoca poter coltivare la fiducia nell'animo. Noi tedeschi contemporanei non siamo mai stati coinvolti in una esistenza di pura spiritualità come quella che viviamo ora, che finalmente ci è comparso innanzi lo spirito tedesco...".

Ciò che non posso approvare del pio, al quale allora lo Spirito Santo comparve travestito da germanesimo, è l'*excursus* su ciò che non corrispondeva a verità: "È una menzogna quello che abbiamo appreso sui libri di scuola in merito alla guerra, ovvero che essa è la più terribile delle disgrazie. Perché se anche questa guerra è orribile, essa è la cura che potrà guarirci dalla malattia. Noi la avvertiamo in questo modo fin dal primo giorno! Abbiamo visto con i nostri occhi, che ne vennero consacrati, la mobilitazione tedesca".

Essa di primo acchito, rammentava a chi avesse avuto un minimo di senso per le relazioni temporali, in primo luogo Meister Edkart[138] e Tauler[139], il misticismo tedesco e da qui, passando attraverso il gotico e il barocco, arrivare fino a Kant[140] e Federico *il Grande*[141] è un passo:

"Cos'altro è la musica tedesca da Bach[142] a Beethoven fino a Wagner, anzi a Richard Strauss[143] se non passione e rigore? La nostra musica tedesca è stata la mobilitazione: tutto avveniva come in una partitura di Wagner: somma estasi e assoluta precisione!"

La mobilitazione tedesca, ovvero quella avvenuta a seguito di una causa giusta. Quella austriaca somigliava maggiormente alla marcia di Nedhledil[144]. È palese quanto Bach e Beethoven siano attinenti quando si argomenta di mobilitazione e come

---

138 Nde. Meister Edkart (1260-1327) fu un teologo e filosofo tedesco, dalle cui mistica medioevale trae origine la grande filosofia tedesca dell'Ottocento.

139 Nde. Johannes Tauler (1300 circa – 1361) fu un mistico tedesco, annoverato, per l'apprezzamento delle sue prediche mostrato da Lutero, tra i precursori della riforma luterana.

140 Nde. Immanuel Kant (1724 1804), filosofo tedesco, è considerato uno dei massimi esponenti dell'illuminismo. Tra le sue opere Critica della ragion pura (1781), Critica della ragion pratica (1788), La metafisica dei costumi (1797).

141 Nde. Federico II di Hohenzollern, detto Federico il Grande, (1712 – 1786), fu re di Prussia dal 1740 alla sua morte.

142 Nde. Johann Sebastian Bach (1685 – 1750), compositore tedesco, è tutt'oggi considerato come uno dei più grandi musicisti di tutti i tempi

143 Nde. Richard Strauss (1864-1949), compositore e direttore d'orchestra tedesco, fu, dal 1898 al 1919, direttore all'Opera di Berlino; dal 1919 al 1924 all'Opera di Vienna e, contemporaneamente, professore di composizione all'Accademia di belle arti di Berlino.

144 Nde. Franz Lehar (1870 – 1940) fu un compositore austriaco di origine ungherese. Nel 1902, mise in scena a Vienna la sua prima operetta, Donne viennesi, in cui la magnifica interpretazione di Alexander Girardi portò al successo la marcia di Nechledil. La sua operetta di maggiore successo è comunque La vedova allegra (1905).

l'imperativo categorico di Kant possa essere interpretato in un *Attaccare sempre!*

E mentre noi piangevamo nel vedere la meglio gioventù caricata su carri di bestiame e condotta al macello, essendo a conoscenza che le iene avrebbero viaggiato in carrozze di lusso per portare loro visita, questi erano i sentimenti che animavano quell'esemplare cristiano: "...e così assistendo al miracolo di quella mobilitazione...".

All'anima pia è infatti dato il beneficio di assistere ad altri miracoli: "...l'intero popolo germanico abile alla guerra, inviato al fronte su treni che attraversano il paese, giorno dopo giorno, notte dopo notte, senza mai accusare ritardi. In nessun posto vi sono domande per cui non vi siano risposte già pronte; in nessun posto si registrano problemi ai quali non si sia in anticipo posto rimedio. *'Mai si è avuta una richiesta di delucidazioni proveniente da qualcuno'*, ha reso noto il generale di stato maggiore nel suo tedesco conciso, o meglio prussiano.

E così, quando ci siamo trovarti ad assistere a questa miracolosa mobilitazione, non ci siamo meravigliati perché non si trattava di qualcosa di prodigioso, ma di un accadimento naturale, maturato nei millenni, che è conseguenza e compendio dell'intera storia tedesca".

Il credente, colpo di scena, si rivela così un razionalista. Ma non sapeva che il prodotto dell'intera storia tedesca sarebbe stato mutato per volere delle iene in fiumi di sangue. E così egli, colmo di smisurata fiducia, assicurava: "L'amata patria può dormire sonni tranquilli".

Nel frattempo si registra un altro accadimento a dir poco fenomenale: "Non esistono che tedeschi".

Ed egli così valutava questa triste presa di coscienza: "Trattenemmo il respiro quando il Kaiser pronunciò questa frase, Essa giungeva a lui dalle profondità della *Sehnsucht* tedesca ed echeggiava come il grido di un'aquila primordiale che era da ritenersi figlia sua".

Risulta difficile stabilire se la *Sehnsucht* tedesca abbia o meno il grido di un'aquila, a meno che in quello non si voglia raffigurare lo slancio con cui questo rapace si getta sulla preda. Perché proprio questo secondo fine ha suscitato nel signor Bahr profonda ammirazione. Non gli era sufficiente che *in quel giorno*, nel giorno in cui un istrione coronato levò in alto la spada a uso e consumo delle testate giornalistiche che ne riportarono l'immagine, vi fossero *solo tedeschi? Nessun sacrificio è abbastanza grande quando ne viene a premio la constatazione di essere tutti tedeschi*, gridò. "Se fosse vero che solo in guerra si trovano tedeschi uniti e che, in tempo di pace, riemergono gli antichi dissidi che dividono il nostro popolo, Dio avrebbe fatto in modo che per noi ci fosse sempre una ragione per muovere contro qualcuno!"

Qui si alza la posta. Come nessun sacrificio della Germania è eccessivo per quello che ne viene a premio, allo stesso modo nessun premio è troppo grande per il sacrificio che la Germania impone al mondo intero. Dalle parole pronunciate da Kaiser sono trascorsi tre mesi e *solo tedeschi si sono registrati tra noi*. Troppo poco.

"Adesso finalmente ci conosciamo, conosciamo gli altri e anche noi stessi. Questo dimostra che noi tutti siamo gente per bene, nonostante mai lo avessimo creduto!"

Questa conclusione ha destato in me grande sorpresa, perché io credevo che i fomentatori di conflitti, i quali se ne stanno tranquilli tra le mura di casa a incoraggiare e conteggiare le vittime di un massacro, appartenessero a una categoria spregevole di essere umano e altrettanto lo fosse tutta quella paccottiglia letteraria che non compensa neanche uno di quei giovani che hanno perso la vita al fronte.

Il signor Bahr confida nel fatto che, a guerra conclusa, non solo in Germania vi siano *solo tedeschi*, ma anche altrove e questa in lui non è solo una speranza, ma una vera e propria premonizione. Neppure io sarei riuscito a partorire profezie di questa portata.

In ansia per la situazione interna al paese, ma fiducioso per quella esterna, egli si chiede: "Quando la patria non sarà più in pericolo, il tedesco si sentirà ancora tedesco e quello soltanto o tornerà a dilaniarsi in una lotta intestina, abbracciando le ideologie più astruse? Di nuovo? Certo ne avrà desiderio, ma questa volta non gli riuscirà con tanta facilità. Da questo conflitto, avremo di ritorno un paese completamente diverso: la patria avrà confini più ampi e si renderà persino necessario ritoccare i versi del vecchio Arndt[145]. Essa si estenderà, infatti, non solo fin dove è conosciuta la lingua tedesca, ma ben oltre! Il territorio di nostra pertinenza sarà immenso, per cui ci sarà da lavorare parecchio... Dopo la fine di questa guerra sarà assai improbabile trovare un tedesco che non abbia un'occupazione. Grazie al nuovo ordinamento saremmo tutti impegnati".

Ci troviamo di fronte a un profeta, dunque! A prescindere dai disoccupati, egli ha evidentemente pensato alle riparazioni e al lavoro dei tedeschi che devono rifondere in terra straniera i danni di guerra: "Sarà compito nostro, a quel punto, prenderci definitivamente ciò che, con le armi, ci siamo procurati".

Ho l'impressione che qui si alluda all'annessione del Belgio. Egli cita Bismarck[146], il quale ha fatto accenno a lupi europei che, nascosti nell'ovile tedesco, impediscono ai tedeschi di mostrarsi pecore. È un gioco da niente però liberarsi di questi impedimenti e il signor Bahr lo fa in questo modo: "Poiché non ci è possibile mutare l'intima essenza del nostro carattere, sarà per noi vantaggioso fare fronte comune con un numero considerevole di questi lupi".

E questo dovrebbe tenere impegnato ogni buon tedesco: "Sarò nostro compito ricostruire l'intera Europa che, poggiando su deboli fondamenta, è crollata".

Si ha netta l'impressione che stia alludendo alle riparazioni di guerra che ci sono state imposte, ma non è così: "La ricostruiremo sull'idea tedesca. E questo richiederà l'impegno di tutti".

Il signor Bahr, dunque, fin dal primo giorno di guerra, ha fat-

---

145 Nde. Ernst Moritz Arndt (1769 – 1860), scrittore e poeta tedesco, fu uno dei fondatori del nazionalismo germanico. Nel suo Vaterlandslied del 1813, che si attesta come il primo inno tedesco, alla domanda "Cos'è la patria tedesca?, egli sosteneva che "essa è in tutti i luoghi in cui si parla tedesco", sancendo l'uniformità linguistica come imprescindibile requisito dell'identità di una nazione.

146 Nde. Otto von Bismarck (1815-1898), primo cancelliere nella storia dell'Impero tedesco, è considerato dalla maggior parte degli storici come uno dei politici più abili nel campo della diplomazia, poiché riuscì a mantenere rapporti di convenienza con buona parte degli stati europei proseguendo comunque nella sua attività di ingrandimento e di rafforzamento della Germania.

to parte di quella folta schiera di individui persuasi che il mondo si sarebbe salvato soltanto per mezzo di quell'indole tedesca che ha considerato carta straccia i trattati, ma riconosciuto la valenza dell'utilizzo dei gas. Si compiaceva dell'unità trovata dai tedeschi e non si capisce bene se alludeva a Heine[147], laddove scriveva: "Quando venne il momento di agire, non ci furono più incomprensioni tra noi".

Non gli importava quale fosse l'opinione del mondo. Non gli importava perché esso stava per divenire tedesco e questo doveva bastare tanto a lui, quanto al popolo tedesco. Questi concetti di auto-giustizia, di auto-determinazioni, che nella propria sfera d'azione ponevano limiti anche agli altri e che allora si qualificavano come "indole", sono meglio riconoscibili come la nostra coscienza.

Il signor Bahr ne fa accenno: "Io sono dell'idea che non bisogna domandarci cosa gli altri popoli pensino di noi. Ciò che dice la nostra coscienza ci deve bastare. Se quella degli altri si esprime in maniera diversa, vedremo di insegnargli a parlare tedesco".

Dopo questa confessione, non si capisce come, all'epoca, Salisburgo oltre al signor Bahr potesse ospitare un Lammasch[148], né come i due potessero frequentarsi. Ma laddove il signor Bahr afferma che il mondo intero dovrà imparare a esprimersi in tedesco, sicuramente si rivolge anche a se medesimo che formula frasi del genere: *"Wer daheim uber sie (die Helden) schreibt. Glauht es ibnen schuldig einen gewaltingen. Ton auschlagen zu mussen...[149]"*

Ritiene che qualcosa gli sia debitrice e non piuttosto che gli si sia debitori di qualcosa. E fra l'altro si avvale anche di frasi quali:

---

147 Nde. Christian Johann Heinrich Heine (1797 – 1856) fu il massimo poeta ebreo tedesco dell'Ottocento.

148 Nde. Heinrich Lammasch (1853 – 1920), giurista, ottenne l'incarico di delegato tecnico dell'Austria nelle due conferenze della pace dell'Aia e fu nominato nel 1900 arbitro dell'Alta corte di giustizia. Per le sue idee pacifiste, allo scoppio della Prima guerra mondiale, rischiò l'arresto. Nell'ottobre 1918, Carlo I lo nominò Presidente del Consiglio, ma lo sfacelo dell'impero asburgico lo costrinse a rassegnare le dimissioni.

149 Nde. Traduzione: "Chi da casa scrive in merito ad essi (gli eroi) ritiene che qualcosa gli sia debitrice di un tono violento". Kraus ironizza sul tedesco poco corretto utilizzato da Bahr.

"Non si può pretendere (*zumuten*) che sia suggestionato".

Per cui confonde "pretendere" (*zumuten*) che significa richiedere (*verlangen*) con "credere capace di" (*zutraen*). Se uno è suggestionato, io posso "pretendere da lui" che faccia qualcosa, così come posso "crederlo in grado" di fare qualcosa. E, come tutti gli austriaci, riveste la sua soddisfazione per la guerra con queste parole:
"Non v'è dubbio che... (*es stand doch dafur...*)".
Frase questa che, in tutta la Germania, nessuno comprende e solo se pronunciata dall'amico Sedlatschek, il soldato Wagenknecht riesce, dopo un attenta analisi, a capire che... *ne valesse la pena...* cosa, tra l'altro che egli stesso mette in dubbio[150]. Quanto poi alla suggestione, che il signor Barh rigetta in quanto pretesa (*Zumutung*), quale scusa, quale attenuante si potrebbe trovare per questa sua *Benedizione della guerra*, se non quella riconducibile alla suggestione? E quale per le deliranti affermazioni come la successiva?
"Il primo di agosto si è realizzato ciò che noi tutti temevano potesse verificarsi solo in un lontano futuro. Da quel giorno, pare incredibile, ma Weimar e Bayreuth vivono tra noi".
Veramente? Noi credevamo a tutto quanto, all'epoca, era possibile credere. Anche ad affermazioni del tipo: "Oggi si avvera una profezia tedesca, prende corpo quella che era una promessa, si adempie ciò che, in un momento di euforica esaltazione, ci fece presagire un duomo gotico che Beethoven annunciò e Faust architettò. Stiamo vivendo ciò che, nei nostri cuori, si presentava come un sogno. E allora, venga ad assistere a questo grande momento!"
Così scrive a un amico "divenuto straniero", che non solo era tanto saggio da restarsene all'estero, ma che pure non condivideva la visione del signor Bahr e considerava questa profezia un ammonimento di portata globale. Egli trovava maggiormente

---

150 Nde. Il riferimento è qui a due personaggi della commedia satirica di Karl Kraus Gli ultimi giorni dell'umanità, i due soldati Wagenknecht (tedesco) e Sedlatschek (austriaco), atto 1, scena 25.

opportuno leggere il progetto di Goethe della mobilitazione tedesca piuttosto che esserne parte. Vanamente, il patriota Bahr si era provato a fare opera di convincimento su di lui, con una descrizione di gesta eroiche che prendeva inizio con queste parole: "Il reggimento di Salisburgo è stato richiamato con i nostri *bravi* Rainer[151]. Uno di loro, di recente, ha scritto in patria indirizzando la sua missiva all'imperatore Carlo. Untersberg[152]".

Su questa cartolina della posta militare, quasi certamente la sola che l'imperatore Carlo abbia mai ricevuto a Untersberg, si leggevano queste parole: "Vieni, imperatore Carlo. È ora!"

È ora! Vale a dire che è giunto il momento in cui tutti gli uomini della luce si schierino al suo fianco nella lotta all'oscurità, per l'avvento del Terzo Reich. In questo modo il signor Bahr, che crede ancora alle favole, elogia il bravo Rainer, accludendo il seguente *post scriptum* alla cartolina della posta militare: "Espresse in tal modo l'intimo sentire che accomuna tutti noi. Infatti, oggi, è comune sentire che i tedeschi si battano per l'umanità in favore di chi desidera la luce!"

Infatti: "Della vera Germania abbiamo avuta visione solo il primo agosto".

Fa riferimento giustappunto al giorno in cui, diffusa la colossale menzogna delle bombe sganciate su Norimberga, si dette inizio al più sanguinoso conflitto che la storia ricordi: "Da allora non corre giorno che io non ringrazi Dio per avermi concesso di vivere un'esperienza come questa. Tutte le mie azioni, le mie speranze, i miei errori, hanno acquisito significato...".

Ma se le azioni, le speranze e gli errori del signor Bahr hanno acquisito rilevanza e senso con la guerra, io, che comprendo dei soli errori, ne esco confuso. Certamente Bahr crede alla guerra santa difensiva, teoria con la quale oggi non si verrebbe a capo di niente, ma per mezzo della quale, allora, si allontanarono milioni di uomini dalle loro famiglie e con cui egli avrebbe voluto

---

151 Nde. Termine usato per definire i salisburghesi.

152 Nde. Nella parte sud di Salisburgo, si innalza il maestoso monte Untersberg (1902 m), che si estende per 70 km2. Secondo la leggenda, l'Imperatore Carlo Magno riposa tuttora con i suoi cavalieri ed i suoi nani nella Sala del Trono situata nel cuore della montagna.

attirare anche l'amico riparato all'estero: "Aggrediti, ci trovammo costretti ad armarci per avere salva la vita".

L'Europa dello spirito è dunque andata in frantumi?

"Non siamo noi i responsabili del suo venir meno, ma l'odio. Noi vorremmo una guerra che esclude qualsiasi forma di odio. Non proviamo questo biasimevole sentire neppure per gli inglesi che vogliono costringerci a odiarli con tutti noi stessi".

Dio allora punisca l'Inghilterra, se riuscirà a imprimere in noi un odio furibondo per lei e preservi Lissauer. Ma per quale ragione gli altri ci odiano?

"Questo genera in loro acredine: il russo, il francese, l'inglese...".

Per cui è necessario, per ognuno di loro, avere un colpo in canna, come sostiene una ben nota canzone: "Ci odiano perché con ognuno di loro abbiamo qualcosa in comune e qualcosa in più".

Per le riparazioni di guerra in seguito necessarie, il signor Bahr ha piani assai precisi: "Non siamo in ansia per l'Europa, la ricostruiremo da capo, più grande, più solida, più sicura! Con la lungimiranza tedesca, su fondamenta tedesche e con la profondità che ci contraddistingue. Così in futuro saprà resistere a ogni scossone".

Allora non era ancora giallo-nero per fino al midollo, cosa che lo ha svergognato del tutto, ma nero-bianco-rosso[153]: "Vi lagnerete del fatto che l'Europa è divenuta prussiana! Ebbene di questo la Prussia non ha alcuna responsabilità. Non era sua intenzione..., ma, se così deve andare, la Prussia governerà l'Europa".

E il militarismo?

"Solo tre mesi or sono ne avrei provato sdegno. D'altra parte chi poteva pensarla diversamente? Ma da allora, avendo avuto

---

153 Nde. Il tricolore nero-bianco-rosso, voluto da Bismarck, univa i colori prussiani (bianco-nero) con quelli dell'Ansa (bianco-rosso). Nel 1871 il Bismarck ebbe buon gioco a riconfermare il "suo" tricolore, anche facendo leva sul fatto che i colori anseatici bianco e rosso erano gli stessi del Brandeburgo, graditi al sovrano. Tuttavia la bandiera, valida sin dall'inizio per l'impiego mercantile, dovette attendere più di venti anni (1892) per essere riconosciuta anche nazionale, a causa della resistenza degli stati meridionali che prediligevano il tricolore nero-rosso-oro.

un contatto diretto con il militarismo, ci sentiamo in dovere di chiedergli scusa. Non ci credete? Venite a toccare con mano".

Egli ritiene il militarismo cosa giusta. E tuttavia, l'amico emigrato all'estero rimane di tutt'altro avviso anche se si sentiva talmente tedesco da dire: "Il militarismo, no!" La meravigliosa descrizione fatta dal signor Bahr non lo intriga.

"Oggi viviamo sotto una sorta di regime dittatoriale. In ogni città sono i generali a prendere le decisioni. Eppure, chieda ai lavoratori, ai socialdemocratici...".

E qui forse ha una parte di ragione, i socialdemocratici, i partiti di opposizione trovatisi ad adottare risoluzioni immediate non hanno riflettuto con più accortezza del folle che li aveva condotti sull'orlo del baratro, che poi, spaventatosi delle decisioni da lui stesso prese, aveva teso ad addossare agli altri le sue responsabilità. Sì, persino gli anarchici tedeschi si mostravano favorevoli quanto e più del signor Bahr a "una dittatura militare". Ma, poiché l'età avanzata ha risparmiato al signor Bahr se non tutte alcune dolorose esperienze, lui non ha perso occasione di esprimere alcune sue opinione sull'eroismo.

"Leonida[154] si presenta grandioso, perché un solo giorno da eroe ha più valore di tutte le guerre puniche".

E si esalta anche per le cause che lo determinano: "Si tratta di un eroismo consapevole, a comando, non sporadico e casuale, che viene da una condizione... non è un eroismo dettato dalla momentanea passione, ma un aspetto impresso nel carattere".

E viene giustappunto indotto dal "comando": "La guerra oggi non è più un ambito spettacolo. Lo sarà forse in futuro per il lettore dei rapporti dello Stato Maggiore, tra anni, quando il conflitto sarà ormai cosa passata, ma allora dove saranno i nostri eroi?"

Anche qui non ha tutti i torti. L'eroismo come indole naturale, l'eroismo a comando gli appariva come una "bellezza astratta", una bellezza ravvisabile "nelle operazioni algebriche", la "bellezza dell'animo puro" ed era cosa assolutamente giusta, se il materiale

---

154 Nde. Leonida I (V sec. a.C.), re di Sparta tra il 490 e il 480 a. C., ci è noto per la difesa delle Termopili contro Serse, alla testa di un piccolo esercito greco, in cui perse la vita. In suo onore, sul luogo dell'ultima resistenza spartana venne eretto un leone di pietra.

umano veniva "manovrato a comando" nello specifico dall'Arciduca Federico. Ma cosa pensava quando leggeva le lettere che giungevano dal fronte? All'impensabile infamia che costringeva gli uomini a questo solo rapporto familiare? Niente affatto.

"Gli veniva alla mente per istinto il secondo brano della fantasia cromatica e fuga[155] di Bach e il terzo atto dei *Maestri Cantori*[156]".

Per l'appunto in questa direzione va l'arte conseguente a questa guerra, se mai di arte si può parlare. A Bahr basta una frase per affrontare l'argomento: "Se io fossi Reinhardt[157], inizierei in segretezza le prove della *Figlia naturale* perché la troverei adatta a celebrare i nostri eroi quando saranno di ritorno dai campi di battaglia".

"Mai si devono fare previsioni", aggiunge a ragione. Infatti, quando i nostri ragazzi fecero ritorno a casa, il pubblico del signor Reinhardt non era interessato alla *Figlia naturale*, ma preoccupato che quelli, infuriati, facessero tutto a pezzi. In ogni caso, per principio, il signor Bahr non si getta in previsioni.

"Niente si avvera mai di quanto le persone intelligenti pronosticano".

Era stato assicurato che la guerra sarebbe durata un paio di settimane? Che importanza può avere per uno che ha dichiarato di essere pronto a resistere cinque e più mesi: "Anche dieci se necessario, insomma quanto serve per sconfiggere il nemico".

Il signor Bahr si prende gioco anche di altri profeti: "Avevano predetto la Comune nelle città tedesche, la rivolta degli slavi in Austria, la rivoluzione in Russia... e quante altre cose ancora! Oggi noi ridiamo di tutto questo! Gli esperti tedeschi non conoscevano la Germania, né quelli austriaci l'Austria e quelli russi la Russia".

Sia sempre possibile alla realtà di prendersi gioco delle previsioni fatte dagli uomini: "Sia lodata!"

Le uniche previsioni che prende seriamente sono quelle che

---

155 Nde. La Fantasia cromatica e Fuga di Giovanni Sebastiano Bach è uno dei monumenti maggiori dell'arte di quest'ultimo. La Fantasia in particolare rappresenta il momento soggettivo caratterizzato dalla più grande libertà fantastica e da una assoluta immediatezza espressiva.

156 Nde. I maestri cantori di Norimberga è il titolo di un'opera di Richard Wagner in tre atti, composta fra il 1862 e il 1867.

157 Nde. Max Reinhardt (1873-1943) fu regista, attore e produttore teatrale austriaco.

vengono da lui: "Alla guerra si chiede perdono di molte cose; essa è stata calunniata, credo, perché è una menzogna sostenere che la guerra che si combatte oggi abbruttisca l'essere umano. È vero il contrario: essa rende l'umanità seria, calma e arguta. Fosse possibile conservare anche in tempo di pace quelle doti che la guerra ha posto in risalto negli uomini!"

Non si può negare che questo suo desiderio sia stato esaudito, Prima di viverlo, il signor Bahr prende coscienza della "rinascita dell'esercito austriaco"; probabilmente si riferisce al miracolo dell'arruolamento di nazioni diverse per uno scopo da tutte odiato, perché non aveva ancora visto il crollo di questo esercito. Così quest'uomo non più abile alle armi, ma alla penna purtroppo ancora sì, ha l'ardire di scrivere questa frase criminale: "Noi proviamo invidia per le nuove generazioni, a cui è data possibilità di recarsi al fronte".

Perché lì, oltre alla morte eroica di giovani liceali, essa otterrà il 'diritto all'Austria' con il quale, conclusosi il periodo di espiazione, venne successivamente inviata a Ginevra a conquistarsi i diritti civili. Poi, inaspettatamente, dal giorno alla notte il signor Bahr comincia a dubitare che la guerra abbruttisca gli esseri umani. Lo rattrista che i bambini si perdano.

"È già abbastanza perdere gli adulti".

Per cui, i maestri devono lasciare che i loro "cuori parlino", devono leggere ai loro alunni, ogni mattina, le notizie che provengono dal fronte. Questa pedagogia è sintetizzata nella seguente sconvolgente rivelazione: "È bene saperlo, siamo in guerra".

Il signor Bahr ha realizzato pure che viviamo in un'epoca storica. Il fatto, però, non lo trattiene dal descrivere il lerciume e la disperazione in cui versano i profughi polacchi. A questo capitolo, segue quindi un audace "invito allo spreco". Evidentemente l'autore è un esperto in economia perché azzarda previsioni in cui raramente si getta: "Oggi, per essere un buon patriota, è necessario essere scialacquatori. Per cui non pensate al futuro! Che cosa avremo domani? La vittoria. E, con essa, la possibilità di guadagnare mille volte di più di quanto oggi sperperiamo. E, se uno non ha soldi, non esiti a indebitarsi fino al collo!"

Se non disponi di soldi, dunque, non privarti di un abito di alta sartoria: "Anche perché il sarto, appena può dimostrare di aver ricevuto la tua richiesta, vale a dire l'ordine di un privato cittadino considerato solvibile, ricevuto un acconto, incassa il restante della cifra dal cliente a guerra conclusa, applicando al credito un tasso di interesse irrisorio. Ma dove trovare il denaro? Alla Banca di Crediti Urgenti, naturalmente. E dove si trova? A Berlino, a Monaco e, a breve, anche da noi. I mezzi per istituirla, grazie alla guerra, ci sono dappertutto. Per questa banca, infatti, è necessaria solo la "fiducia". Essa si basa sulla teoria che il denaro è prodotto e si trova solo grazie alla fiducia. E noi di questa ne abbiamo in esubero. Non è dunque la guerra una benedizione?"

Il capitale necessario, accanto alla stupidità, per questo istituto bancario di crediti urgenti, dovrebbe essere fornito in parte da sovvenzioni statali, in parte dai conti deposito: "... i quali potranno essere prelevati solo dopo la vittoria e che, fino a quel momento, perché sia reso a tutti possibile di usufruire del credito, rimarranno bloccati".

Nella peggiore delle eventualità, fino a quando non avremo deciso di porre fine al conflitto vincendo. Queste le testuali parole del signor Bahr che, in buona fede, dà il suo contributo all'inganno di cui si sono resi artefici i reggenti a danno del popolo, dopo averlo mandato a morte.

"Prendete dunque i contanti di cui ancora disponete e portateli in questa banca, dove li lascerete in dono o in deposito. E poi, con coraggio, indebitatevi, senza farvi cogliere da crisi di isterismo!"

Si osserverà che questi punti di vista scritti a Salisburgo – ma non ci sarebbe da stupirsi se provenissero da Hallstatt – sono datati 1914 e questo di per sé li giustifica. E tuttavia è sempre salutare rammentare a un'umanità smemorata ciò che poeti e intellettuali in genere hanno cantato e detto, che si è trattato per tutti di uno sciagurato passatempo e ricordare il sistema tramite il quale si è voluto far cadere in disgrazia chi non era in grado di trasformare i vaneggiamenti in letteratura.

La mia proposta, dopo la fine del conflitto, di imprigionare gli imbrattacarte di guerra e di fustigarli davanti a coloro tornati dal fronte invalidi purtroppo non è stata accolta, come altrettanto non si sono concretizzate le speranze intinte di stupidità e bramosia di denaro. Adesso, però, che anche ad essi è risultato evidente che non abbiamo conseguito alcuna vittoria, bisognerebbe assegnargli una punizione del tipo: costringerli a ogni anniversario dell'entrata in guerra ad ascoltare me che leggo i loro scritti di guerra. Credo che, al contrario dell'umanità, che seguita a reputarli importanti modelli culturali, essi proverebbero tanta vergogna da intonare in coro: "Viene voglia di sprofondare sotto terra!"

Perché tanti, che avrebbero ampiamente meritato di essere presenti, per colpa loro, in quella stessa terra, sono stati carne a un festino di vermi.

Dal Die Fackel del dicembre 1925

VISITA A WASSERMANN[158]

La graziosa cameriera lo è ancora di più quando si esprime nel dialetto della Stiria.

"Sì, il signor Wassermann è andato a fare una breve passeggiata. La signora si trova in giardino".

Io avrei giurato che la cameriera si esprimesse in maniera diversa: "Cosa posso dirle, è fuori a fare due passi!"

La giovane signora, intenta a potare le rose e strappare erbacce, interrompe il suo lavoro e, sedutasi su una panchina posta all'ombra sul retro della villa tusculana del marito (io ancora non sono riuscito a farmela costruire), mi parla del lavoro dello scrittore: "Sei otto ore al giorno le dedica alla sua opera".

(Io dalle sedici alle diciotto al giorno)

"Lavora al romanzo di Etzel tanto discusso seguito de *Il caso Mauritius*[159]. In particolare si occupa di problematiche giovanili perché con *Etzel Andergast* vuole..."

(sta impigrendosi!)

"...rappresentare la figura di un giovane in lotta con la vita,

---

158 Nde. Jacob Wasserman (1873 1934), bavarese di origine ebraica vissuto per vent'anni a Vienna, fu un autore di grande successo nel mondo di lingua tedesca. Fu amico personale di Thomas Mann e di Arthur Schnitzler e collaborò con Rainer Maria Rilke alla redazione di Simplicissimus, giornale umoristico antimilitarista e anticlericale.

159 Nde. Il caso Mauritius di Jacob Wasserman è il primo volume di una trilogia, pubblicata in Germania tra il 1928 e il 1934. È il racconto di un errore giudiziario, nato dall'ostinazione e dall'ambizione del procuratore generale, barone Wolf von Andergast, e consumato ai danni di Leonhart Mauritius, uomo elegante, raffinato ma fatuo, dissoluto e immaturo. Protagonista è il sedicenne Etzel von Andergast, figlio del barone, con il quale vive solo, dopo l'allontanamento dalla famiglia della madre

che simboleggia le nuove generazioni...”.

(Ma come parlano le mogli dei poeti!).

“E lei, signora, vive in questo paradiso in assoluto isolamento dal mondo?”, chiedo.

“Ma cosa dice!”, replica la donna.

Poi indica le rose... e ricorda il suo caro figlio uscito a passeggio con il padre.

“Tra qualche giorno, ci trasferiremo in Svizzera. Sa, tanto per unire l’utile al dilettevole”.

Questa frase già è corrotta da qualche inflessione dialettale.

“A volte è attratto da Vienna, altre dalla vita pulsante e caotica di Berlino, altre ancora dalla luminosa Parigi. Insomma, viaggia molto e con piacere”.

A giudicare dalla casa, si potrebbe dire che guadagna almeno duemila scellini al giorno. Il tetto è ormai all’ombra e Altenberg[160] ne avrebbe approfittato maggiormente e, a ogni notizia spiacevole, avrebbe esclamato: “Oggi è la mia giornata”.

“Già di primo mattino Jakob Wassermann si reca sulla spiaggia davanti a casa, dove trascorre molte ore della giornata in costume da bagno, in prossimità dell’acqua, in acqua o sull’acqua”.

Probabilmente, si tuffa anche. Tutto questo però non ci commuove; sono più interessanti le sue virtù manifeste. È un uomo gentile.

“...senza però mostrarsi eccessivamente cordiale. Non parla volentieri e quando lo fa si esprime con lentezza e cautela”.

Non c’è da stupirsene, visto che gli editori americani stanno sul chi vive. Per gli abitanti di Alt-Ausee non fa differenza...

“...perché da tempo lo considerano uno di loro, senza che venga meno la rispettosa distanza che il poeta a saputo scavare”.

E cosa fa quando non lavora?

“È assorto. Pare che rimugini sempre, elabori idee e ne prenda nota”.

Spesso però non fa neppure questo. Quindi, evidentemente

---

160 Nde. Peter Altenberg, pseudonimo di Richard Engländer (1859 – 1919), fu uno scrittore, poeta e aforista austriaco, che ebbe un ruolo significativo nel movimento culturale chiamato “Giovane Vienna”.

per fare una pausa, offre al visitatore un quadro che la donna riporta così:

"Sovente lo si trova seduto sulla panchina che si affaccia sul lago e la sua faccia dai tratti marcati si staglia meravigliosamente contro la vegetazione".

Egli sogna. (Altenberg avrebbe detto: Venite o sogni!). Questo è il momento che le ammiratrici dovrebbero scegliere per fare ressa intorno a lui. A Lemberg quando una volta Nikisch[161] comparve sul palco e, prima di iniziare, gettò di sfuggita un'occhiata demoniaca in sala, nel silenzio più assoluto si distinsero con chiarezza le parole che una madre rivolse alla figlia distratta: "Stai buona, che adesso comincia ad ammaliarci!"

Dal Die Fackel dell'ottobre del 1929

---

161 Nde. Arthur Nikisch (1855 – 1922) fu un direttore d'orchestra di origini ungheresi. Diresse l'Opera di Lipsia dal 1882, la Royal Opera di Budapest dal 1893 al 1895, anno in cui succedette a Carl Reinecke come direttore dell'Orchestra del Gewandhaus di Lipsia. Nel contempo divenne direttore principale della Berliner Philharmoniker, mantenendo i due incarichi fino alla morte.

CENNI BIOGRAFICI

Karl Kraus nacque il 28 aprile 1874 a Gitschin, città dell'odierna Repubblica Ceca, da Jakob Kraus, abbiente fabbricante di carta di origini ebraiche ed Ernestine Kantor, che nel 1877 si trasferirono in Austria, a Vienna, dove Karl trascorrerà tutta la vita. Era questi un bambino molto delicato, predisposto ad ammalarsi e afflitto, già durante la sua prima infanzia, da evidenti sintomi di una deviazione della colonna vertebrale e da miopia. Paul Schick, il suo biografo più importante, ricorda come la madre si preoccupasse molto per la sua salute e quanto Kraus avesse sofferto per il prematuro decesso di lei, avvenuto nel 1891.

Completati gli studi presso il ginnasio Franz Joseph, nel 1892 si iscrisse alla facoltà di Giurisprudenza di Vienna, iniziando nel contempo una lunga collaborazione giornalistica con diversi periodici e quotidiani, tra cui *Die Gesellschaft* (Lipsia), *Die Magazine für Literatur (Berlino)*, *Neue Literarische Blätter (Brema)* *Wiener Literatur Zeitung*, *Wiener Rundschau*, *Liebelai*, *Die Wage* e *Neue Freie Presse* (tutti a Vienna) La sua prima pubblicazione fu una recensione dell'opera teatrale di Gerhart Hauptmann, dal titolo *Die Weber*[162], pubblicata sul *Wiener Literatur Zeitung*.

Insofferente alle materie giuridiche, decise di cambiare indi-

---

162 Nde. Gerhart Hauptmann (1862 – 1946) fu un poeta, ritenuto uno dei maestri del naturalismo tedesco e della moderna drammaturgia europea. Vincitore del Premio Nobel per la Letteratura nel 1912, fu un autore estremamente prolifico, caratterizzato da una cupa nota pessimistica. La sua opera più rivoluzionaria, Die Weber (I tessitori), pubblicata nel 1892, è il dramma, a sfondo storico, della disperata rivolta dei lavoratori affamati.

rizzo, passando a Germanistica e Filosofia, materie a lui più congeniali, ma neppure tale scelta gli consentì di portare a termine gli studi universitari.

In quegli anni, strinse amicizie con i più noti letterati viennesi, frequentando il noto *Café Griensteidl*[163], ma le sue amicizie mutarono ben presto in facili bersagli per la sua critica e la sua satira. A dimostrazione di ciò, uscì nel 1896 uno dei testi più provocatori e coraggiosi della Vienna di fine secolo, *Die demolierte Literatur* (*La letteratura demolita*). Composto in forma di ironico necrologio, in occasione della supposta demolizione del *Café Griensteidl*, conteneva infatti una satira contro diversi letterati a lui contemporanei. Con questo articolo ebbe inizio il grande successo giornalistico di Kraus.

Nominato corrispondente per il quotidiano *Breslauer Zeitung*, attaccò nel 1898 il sionista Theodor Herzl con il pamphlet polemico *Eine Krone für Zion* (*Una corona per Sion*), arrivando, l'anno successivo a rinnegare il Giudaismo, professandosi aconfessionale. Ad aprile del medesimo anno, dopo aver rifiutato un prestigioso incarico come caporedattore della pagina culturale *Neue Freie Presse*, giornale che seguitò a criticare lungamente, fondò la rivista satirica *Die Fackel* (*La Fiaccola*), che diresse per tutta la sua vita. Da quelle pagine, Kraus lanciava i suoi attacchi contro l'ipocrisia morale e intellettuale, la psicoanalisi, la corruzione dell'impero degli Asburgo, il nazionalismo del movimento pangermanico, le politiche economiche liberiste e molte altre tematiche. Al giornale contribuirono una cinquantina di noti scrittori, fino allo scoppio della Prima guerra mondiale. Tra questi, Peter Altenberg, Richard Dehmel, Egon Friedell, Oskar Kokoschka, Heinrich Mann, August Strindberg e Oscar Wilde[164].

---

163 Nde. Il Café Griensteidl, collocato sulla Michaelerplatz, ha mantenuto nel tempo invariato il suo arredamento. Negli anni, ha ospitato scrittori come Hugo von Hoffmansthal, Arthur Schnitzler e Alfred Polgar, che qui amava bere il bicchiere della staffa.

164 Nde. **Peter Altenberg**, pseudonimo di Richard Engländer (1859 – 1919), fu uno scrittore, poeta e aforista austriaco. **Richard Dehmel** (1863 – 1920) fu un poeta e scrittore tedesco. **Egon Friedell** (1878 – 1938) fu un saggista austriaco, autore di interpretazioni, assai personali della storia della civiltà e di varî saggi, in parte pubblicati postumi dopo il suo suici-

Il 5 aprile del 1900, anche suo padre morì e Karl, lasciata la famiglia, andò a vivere da solo. Nel 1902 uscì il saggio *Moralità e criminalità*, in cui criticava l'ipocrisia dell'amministrazione giuridica austriaca, mentre nel 1909 fu pubblicata la sua prima raccolta di aforismi sotto il titolo *Detti e contraddetti*. L'anno successivo tenne la sua prima conferenza pubblica relativa ai suoi scritti e a quelli di altri e pubblicò il pamphlet Heine e le conseguenze, in cui criticava lo scrittore ebreo tedesco per aver iniziato la tradizione del giornalismo feuilletonistico.

L'8 aprile del 1911 si battezzò segretamente, divenendo cattolico e, in quello stesso anno, nel numero 338 della rivista *Fackel*, dichiarò apertamente di essere divenuto unico redattore della medesima.

Negli anni successivi, partecipò a numerose conferenze pubbliche che ebbero un grande seguito: in particolare, tra il 1892 e il 1936, mise in scena circa 700 esibizioni, durante le quali lesse drammi di Bertolt Brecht[165], Gerhart Hauptmann e Johann Nestroy[166], interpretando anche le operette di Offenbach[167], accompagnato dal piano. Elias Canetti[168], che seguiva regolarmente le conferenze Kraus, intitolerà la propria autobiografia *Die Fackel im Ohr* (traducibile liberamente come *Ascoltando Die Fackel*).

Nel 1913 Kraus conobbe la Baronessa Sidonie Nádherny von Borutin, a cui chiese più volte di sposarlo. Nonostante il suo rifiuto, i due ebbero una stretta relazione, che si protrasse per tutta la vita del giornalista.

Lo scoppio della Prima guerra mondiale indusse Kraus a scri-

---

dio di protesta contro l'Anschluss. **Oskar Kokoschka** (1886 – 1980) è stato un pittore e un drammaturgo austriaco. **Heinrich Johann Luiz Mann** (1871 -1950), fratello di Thomas Mann, fu uno scrittore tedesco e un oppositore del regime nazionalsocialista. **Oscar Wilde** (1854 – 1900) fu uno scrittore, aforista, poeta, drammaturgo, giornalista e saggista irlandese. **August Strindberg** (1849 – 1912) è stato un narratore, drammaturgo, poeta svedese.

165 Nde. Bertold Brecht (1898 – 1956), fu un drammaturgo, poeta e regista teatrale tedesco.

166 Nde. Johann Nestroy (1801-1862) fu un attore teatrale, commediografo e cantante lirico austriaco.

167 Nde. Jacques Offenbach (1819-1880) è stato un compositore e violoncellista tedesco naturalizzato francese, considerato il padre dell'operetta.

168 Nde. Elias Canetti (1905 – 1994) fu uno scrittore, saggista e aforista bulgaro, naturalizzato britannico, di lingua tedesca, insignito del Nobel per la Letteratura nel 1981.

vere il suo capolavoro, la commedia satirica *Gli ultimi giorni dell'umanità*, in cui introduceva il tema della guerra attraverso fantasiosi resoconti apocalittici e i commenti di due personaggi, il Grumbler e l'Ottimista. Il testo venne pubblicato nella sua versione definitiva nel 1922.

Il 7 marzo del 1923, Kraus lasciò definitivamente la chiesa cattolica, e nello stesso anno pubblicò *Il paese del cuculo delle nuvole*, opera in tre atti basata sugli *Uccelli* di Aristofane.

Nel 1929 apparve la raccolta *Letterature e bugie*.

Nel 1936, dopo la pubblicazione a febbraio dell'ultimo numero di Die Fackel, il 2 aprile Kraus tenne il suo settecentesimo e ultimo discorso pubblico.

Morì di infarto il 12 giugno di quello stesso anno.

INDICE

*Usa il QR code
e scopri gli altri titoli della stessa collana*